& 玩又好种的
阳台花园

理想·宅 编

中国电力出版社
www.cepp.sgcc.com.cn

内容提要

本书采用图文结合的方式详细地介绍了居室中植物的生活习性和形态特征，以及如何自己动手操作种植和日常管理中需要注意的问题；同时还细致地描述了可食用小植物的养护方法和烹制技巧等。本书内容新颖、实用、操作性强，适用于所有想在居室中种植盆栽的园艺爱好者。

图书在版编目（CIP）数据

好玩又好种的阳台花园 / 理想·宅编 . — 北京：中国电力出版社，2017.10
 ISBN 978-7-5198-1183-9

Ⅰ . ①好… Ⅱ . ①理… Ⅲ . ①阳台－观赏园艺 Ⅳ . ① S68

中国版本图书馆 CIP 数据核字（2017）第 237233 号

出版发行：中国电力出版社出版发行
地　　址：北京市东城区北京站西街 19 号（邮政编码 100005）
网　　址：http://www.cepp.sgcc.com.cn
责任编辑：曹　巍　联系电话：010-63412609
责任校对：常燕昆
责任印制：杨晓东

印　　刷：北京盛通印刷股份有限公司印刷·各地新华书店经售
版　　次：2017 年 10 月第一版
印　　次：2017 年 10 月第一次印刷
开　　本：710 毫米 ×1000 毫米　16 开本
印　　张：8
字　　数：195 千字
定　　价：45.00 元

版 权 专 有　侵 权 必 究
本书如有印装质量问题，我社发行部负责退换

前言

居住在熙熙攘攘的都市中，逐渐远离了自然，尤其是大多数人拥挤在密集的单元楼层里，多见人，少见树木，难以接触到树荫、池塘、花草和芬芳的泥土。因此，在室内适当地放置几盆富有生命力的绿色植物，增添一些大自然的气息，让人在狭窄的居室里仿佛看到青山绿水，蓝天白云，欣赏到大自然的美景，给人以无限的退想。

本书以几十种盆栽为例，详细地介绍了室内盆栽的生活习性、日常养护小妙招、防治病虫害、繁育等方面内容，并独家讲解可食用小植物的养护方法和烹制技巧，令读者在观赏之余可以享受到自己亲手种植的健康美食。本书语言浅显易懂，内容丰富有趣，让初次栽植者也能轻松掌握，在家养护出鲜活亮丽的绿色盆栽。

参与本书编写的人员主要有杨柳、卫白鸽、赵利平、黄肖、邓毅丰、董菲、刘向宇、王广洋、李峰、武宏达、张娟、安平、张亮、赵强、叶萍、王伟、李玲、张建、谢永亮等。

2017 年 9 月

目录 CONTENTS

前言

PART 1

园艺早知道

一 家居环境小调查

1. 阳光在哪里 /02
2. 温湿度的周期变化 /05
3. 风口位置 /06

二 园艺必备小物件

1. 植物需要什么土？/08
2. 植物爱吃什么肥？/10
3. 植物爱喝什么水？/12
4. 植物把家安在哪儿？/14
5. 简单的园艺小工具 /16

PART 2

绿色菜园搬进家

一 圆滚滚的小家伙

小番茄 /20
樱桃萝卜 /24
土豆 /28
茄子 /32
草莓 /36

二 绿油油的叶菜

小白菜 /40
苋菜 /44
蒲公英 /48

三 味道浓郁的香辛菜类

香菜 /52
辣椒 /56
洋葱 /60
薄荷 /64

PART 3

迷你小花园

一 花叶兼具的宝贝

风信子 /68
松果菊 /72
蔷薇 /76
天竺葵 /80
向日葵 /84

二 浓枝万绿也是春

豆瓣绿 /88
绿萝 /92
花叶竹芋 /96
铁线蕨 /100

三 无肉不欢的小世界

多肉熊童子 /104
芦荟 /108
虎尾兰 /112
仙人掌 /116

绿植组合装饰欣赏 /120

PART 1

园艺早知道

喜欢家庭园艺的人们,
想要拥有森林中梦幻般的房子吗?
不要觉得会无从下手,
来,跟着我的脚步,
检查自己的家居环境,
准备好园艺工具,
大胆地开始吧……

一 家居环境小调查

1. 阳光在哪里

🌱 了解空间光线才能合理利用家居环境

阳台通常是居家环境中阳光最充足的地方，也是植物花草最喜欢的地方，但是阳台或者其他家居休闲平台的方位不同，会影响其所接受的日照程度，所以了解自家环境的阳光条件，才能够选到最适栽种的植物。

🌱 全天光线充足的南向方位

南向方位是所有空间朝向中最完美的，对于喜爱植物的人来说它具有较大的优势。南向方位的空间平台光线充足，全天有阳光，且四季都不受日照时间的影响。

🌱 南向方位适合栽植阳光花草

南向栽植平台在附近无高大建筑物遮蔽的情况下，相当于拥有全日照的栽种条件，适合栽种耐晒、需要强光照的全日照阳性植物。

🌱 南向栽植平台栽培植物应勤浇水

充足的光照是南向栽植平台的特点，但在实际栽种植物时，应当注意水分是否蒸发较快，并且随着季节调整浇水的次数。夏季酷暑，应当对栽植平台环境进行适当的遮阴。

🌱 下午光照充足的西向栽植平台

西向栽植平台属于半日照的环境，主要日照集中在下午，且是强烈的日照，将栽植平台晒得很热，容易使栽植平台的温度飙升，夏季尤为明显。

🌱 西向栽植平台适合耐热的植物

西向栽植平台在下午时会出现西晒的问题，植物生长容易受限，故而在选择植物时，应挑选多肉植物、仙人掌类或木本植物等耐热、耐旱、喜阳的植物类型。

🌱 西向栽植平台应帮助植物适当降温

西向栽植平台的植物盆栽水分蒸发较快，建议使用较大型的花盆和保水性较好的盆土来保湿。夏季，整个栽植平台的温度颇高，必须帮助植物降温，以便让它顺利过夏。

🌱 上午光线良好的东向栽植平台

可以看见太阳升起的东向栽植平台属于半日照环境，拥有一上午的日照条件，日光比较温和，下午只有非直射光线，夏季比冬季的光照强烈。

🌱 东向栽植平台适合短日照植物

东向栽植平台的半日照环境可以满足一般花卉对直射光的需求而避免灼伤花卉，适合种植短日照植物和稍耐阴的植物。东向栽植平台的水分蒸发不如西向栽植平台快，适合栽植怕失水、叶较细的盆花。

🌱 东向栽植平台应防止植物发生冻害

东向栽植平台对于喜温畏寒的花卉，需要搬入室内过冬或者加盖防护罩保暖防止冻害；对于耐寒性较好的花卉，也应在严寒天气时套上塑料膜或塑料袋进行保暖。

没有直射光线的北向栽植平台

北向栽植平台的光照条件是四个朝向的栽植平台中最差的。几乎全天没有直射光照，仅靠散射光线，对于多数植物来说明显不足。这样的日照环境对植物的选择具有挑战性。

北向栽植平台适合耐阴植物

北向栽植平台的日照条件差，栽植以需光量少、性喜潮湿、阴凉的耐阴植物为主。在此平台上，常见的开花植物因缺少光照而较难生长，较为适合栽植观叶植物以及苦苣苔科的观花植物。

北向栽植平台的植物遇到恶劣天气应及时转移

北向栽植平台的风势较强，必须注意盆栽是否会快速失水，应相应调整浇水的次数。当遇到寒流时也容易出现失温，应及时将植物转移至室内。

2. 温湿度的周期变化

🌱 室内的温湿度环境

建筑物的通风量普遍降低,同时密封性大幅提高,从而造成室内环境的新风量不足,室内的湿度条件相对较低。家庭装修材料和家电的大量使用也会释放出一些热量,从而使室内的温度相对比较稳定。

🌱 露天栽植环境的温湿度变化

露天栽植环境包括露台、阳台和小花园,这些地方的环境与空间大环境的温湿度变化相同。在有建筑物遮挡的地方受光照条件和风力影响,温湿度的变化相对较小。环境比较开阔的地方温湿度变化较大。

3. 风口位置

🌱 栽植平台的朝向与风力有着密切的关系

南向平台有建筑物的阻挡，风势相对比较温和，且在冬季也没有西风的危害，是比较理想的花园平台；东向平台也是比较安全的平台，只是在冬季略受西北风势影响；北向平台是最容易遭受强风影响的平台，在没有建筑物阻挡的情况下应做好安全防护措施；而西向平台在冬季受风力影响比较大，较为寒冷，故而西向平台在冬季应将植物搬到环境舒适的地方越冬。

常常被忽略的风口位置

①室内门口也是风口位置，室内家居环境都较为封闭，唯一的进出口大门是人们常常会忽略的风口位置。冬季室内外温差较大，开门的瞬间冷空气进入屋内会对门口的植物造成影响。

②建筑物的缝隙处是容易被人们忽略的风口位置，一些家居环境平台，在建筑物没有完全阻挡的情况下，其缝隙或者未阻挡到的地方风力会更强劲。

可封闭的平台空间受风力的影响

可封闭的平台空间有安全防干扰的优点，同时，使用玻璃封闭的空间平台能够享受到阳光照射且不受风力侵袭等恶劣气候的影响。在天气情况良好时，也可以敞开空间，让植物接受大自然的光合作用。

二 园艺必备小物件

1. 植物需要什么土？

🌱 大自然中的土可以使用吗？

自然土壤可以分为

①**沙质土**：含沙量多，颗粒粗糙，通气性好，透水性好，保水性差，适合种植原产热带、干旱地带的植物或是一些附生植物，如蝴蝶兰、卡特兰等。

②**黏质土**：含沙量少，颗粒细腻，通气性差，透水性差，保水性好，适合种植一些扎根深的乔木或灌木。

③**壤土**：介于两者之间，是较为理想的土壤质地，但含虫卵、草籽、病菌等的概率较高，土壤肥力也不确定，做家庭种植时需进行彻底消毒灭菌，比较麻烦。

🌱 哪种土壤使用起来比较方便？

家居盆栽使用的土壤多为营养土，是由肥沃的田园土与腐熟的厩肥混合配制而成的。市场上也有专门出售的营养土，经过杀菌消毒处理，营养成分齐全，酸碱度适中且品质稳定，很适合家庭园艺使用。

Tips

若养植的植物对土壤酸碱度有特殊要求，可通过施肥浇水调节。土壤中加入草木灰或石灰粉可使其碱性增加，而淘米水及苹果皮浸泡过的水都可以使土壤的碱性下降，酸性增强。

营养土太松软，植物站不稳怎么办？

营养土重量较轻，若种植茄子、青椒、番茄等株型较大的植物则会出现植株垂软站不稳的现象，所以种植这类作物的营养土应当添加 1/5 ~ 1/4 的自然土壤，再掺入 1/10 ~ 1/8 的有机肥作为基肥，就可以种植这些蔬菜了。如果是短期型或株型较小的植物的话，直接用营养土种植就可以了。

家庭养花土壤如何消毒？

家庭养花盆土可重复利用，盆土重新利用之前应进行土壤消毒。家庭养花土壤消毒简便又常用的方法有以下两种：

（1）日光消毒：将配制好的培养土放在清洁的地面上，薄薄平摊，暴晒 3 ~ 15 天，即可杀死大量病菌孢子、菌丝和虫卵、害虫、线虫。用此法消毒虽然不尽彻底，但最为方便。

（2）药剂处理：家庭中可以使用不同的药剂，对土壤进行熏蒸处理，即把土壤过筛后，一层土壤喷洒化学药剂，再加一层土壤，然后再喷洒一次药剂，最后用塑料薄膜覆盖，密封 5 ~ 7 天，然后敞开换气 3 ~ 5 天即可使用。常用的药剂有代森锌、多菌灵等。

2. 植物爱吃什么肥?

家庭养花的肥料

盆土的营养物质远不能满足植物的生长需求,需要施用一些花肥,才能保证植物的正常生长。家庭养花的肥料种类繁多,常用的是无机肥,就是化学肥料。这类肥料具有养分含量高、肥效快、清洁卫生、施用方便等优点,特别是为不同植物配制成的专用肥,在家庭植物养护中使用十分方便。还有一种是常见的植物营养液、水溶性园艺肥,这类肥料所含的营养元素齐全,施用方便,完全溶于水,见效也快,可以喷施也可以浇灌。

家庭养花便宜肥料好办法

① **中药渣**

中药煎煮后的剩渣,是一种极好的养花肥料。因为中药大多是植物的根、茎、叶、花、实、皮,以及禽兽的肢体、脏器、外壳,还有一些矿物质,富含丰富的有机物和无机物质。植物成长所需的肥料,在中药里都有。用中药渣当肥料还能够改进土壤的通透性。

欲将中药渣当花肥,须先将中药渣装入缸、钵等容器内,拌进园田土,再掺些水,沤上一段时间,待药渣腐朽,成为腐殖质后方可使用。通常都把药渣当作底肥放入盆内,也可直接拌入培育土中。当然,药渣肥不宜放得太多,通常掺入比不要超过十分之一,否则会影响花木的成长。

② 豆腐渣

豆渣是上乘肥料，无碱性，虽是磨浆取汁后的残渣，但仍富含一些蛋白质、多种维生素和碳水化合物等，经过人工处置，有助于花苗成长。便宜豆渣肥的制作办法是把豆渣装入缸内，掺兑10倍清水发酵后（夏季约10天，春秋季约20天），再掺兑10倍的清水混合均匀，用以灌溉各种盆花，作用的确不错。尤其是用来灌溉昙花、令箭荷花、蟹爪兰、霸王鞭以及仙人掌、仙人球等仙人掌类花卉，作用更佳。

③ 小苏打

家庭养花，花卉含苞欲放之际，用万分之一浓度的小苏打溶液浇花，会促使花开得更茂盛。

④ 淘米水

把山石盆景放在阴湿的地方，每天用沉积过的淘米水浇在当地，通常状况下15～20天便能生出绿茵茵的青苔。

⑤ 啤酒

啤酒养花有突出作用是因为啤酒富含很多的二氧化碳，而二氧化碳又是各花卉进行光合作用不可缺少的物质，而且啤酒中富含糖、蛋白质、氨基酸和磷酸盐等营养物质，有利于花卉成长。用适量的啤酒浇花，可使花卉成长旺盛，叶绿花艳，不但能够使花卉得到充足的营养供应，而且还易于吸收。具体办法是用啤酒和水按1∶50的比例均匀混合后使用。

3. 植物爱喝什么水？

🌱 浇花水质的选择

天然水有硬水与软水之分。硬水的矿物盐类含量高，长期浇灌会对花卉生长产生不利的影响。软水的矿物盐类含量低，是花卉理想的浇灌用水。雨水、河水和湖水等的水质硬度低，可以直接用于浇灌，但泉水、井水等地下水的硬度很高，不能直接浇灌花卉。自来水因含有氯气等消毒物质，也不宜直接浇灌，最好用敞口的缸、池等容器贮放3～5天，待水中有害物挥发和沉淀后再使用。

🌱 浇好定根水

栽种后第一次浇水称为定根水。定根水必须浇足浇透。因为初栽土壤没有完全沉实，土壤中存在很多空隙，只有将水浇透后，土壤与根系才能充分接触。一般栽种后要连续浇灌两次，第一次浇完水落干，并见水从盆底孔流出后，再重浇一次，这样才能保证土壤充分吸收水分，并与根系很好接触。

🌱 盛夏与寒冬慎浇水

水温对花卉的根系生理活动有直接影响。如果水温与土壤温度相差悬殊（超过5℃），浇水后会引起土温骤变而伤害根系，反而影响根系对水分的吸收，产生生理干旱。因此，水温与土壤温度接近时浇灌才比较好，尤其在冬、夏季更应注意。冬季最好先将水存放在室内一段时间，或稍添加温水，使水温提高到15～20℃，再进行浇灌。夏季则应避免在烈日暴晒下和中午高温时浇灌。

🌱 植物浇水时间

浇水时间的选择应尽量等到水温与土温接近。一般来说，上午10点左右和下午4点以后是适宜浇花的时间。

🪴 浇花小窍门

① 残茶浇花

残茶用来浇花，既能保持土质水分，又能给植物增添氮等养料。但应视花盆湿度情况，定期地、有分寸地浇，而不能随倒残茶随浇。

② 变质奶浇花

牛奶变质后，加水用来浇花，有益于花卉的生长。但兑水要多一些，使之充分稀释才好。未发酵的牛奶不宜浇花，因其发酵时产生大量的热量，会"烧"根（烂根）。

③ 凉开水浇花

用凉开水浇花，能使花木叶茂花艳，并能促其早开花。若用来浇文竹，可使其枝叶横向生长，矮生密生。

④ 淘米水浇花

经常用淘米水浇米兰等花卉，可使其枝叶茂盛，花色鲜艳。

⑤ 家中无人时的浇花

爱养花的人，有时十天半月不在家，没人浇花。这时，可将一个塑料袋装满水，用针在袋底刺一个小孔，放在花盆里，小孔贴着泥土，水就会慢慢渗漏出来润湿土壤。孔的大小需掌握好，以免水渗漏太快。或者在花盆旁放一盛满凉水的器皿，找一根吸水性较好的宽布条，一端放入器皿水中，另一端埋入花盆土里，这样，至少半个月左右内土质可保持湿润，花不至枯死。

4. 植物把家安在哪儿？

🌱 盆栽组合

阳台是大多数人丰富花草环境的必选之地，而盆栽或箱式栽培又是阳台花草栽植的首选形式。盆栽或箱式栽培是将土壤集中，且有专门的排水通道，利用在阳台的条件，既节省空间又干净整洁易管理。

🌱 立面几架

几架的应用满足了多种盆花分层组合应用，同时又便于移动的需求。同时几架本身就是一件具有观赏价值的小饰品，它与花草植物的组合进行相互衬托，将不同的花草植物浓缩在一架之中，将自然的山林浓缩于花园之中。

🌱 立篮的使用

立篮实际上就是在墙面镶嵌固定一个圆环，将直径合适的花盆放置在圆环中，形成立面的花篮。这样的形式通常要求花盆为圆形，使圆环能够均匀受力。墙面固定圆环的位置决定着花盆的位置，这种墙面装饰形式简单，花盆组合形式富于变化，且更换花盆也十分方便。

🌱 墙面的花槽

在建设花园时，应做好花园的花草搭配设计，在建筑物的墙面做好放置花槽的台阶，或是直接将花槽固定在墙面上。花槽的材质与墙面的材质要协调统一，同时花槽的大小要考虑墙面的承重能力，在墙面上做好花槽的力度分配。花槽中的植物应以软枝垂蔓类植物和花朵茂盛的植物为主，来营造立体的装饰效果。

🌱 壁挂篮

壁挂篮也是一种具有可移动性的墙面装饰，它的一侧为带孔或挂绳的平面，可以直接紧贴悬挂在墙面上。壁挂篮的体积小巧，造型精致丰富。根据壁挂篮的不同材质，可以选择不同的花草栽植方式，保水性较好的篮子可以直接将花草栽植其中，保水性差的可以套用一次性花盆放入其中，或是内铺一层椰纤维编制的垫子，这些软质材料能够适应篮子的不同造型，应用起来也比较方便。

🌱 小吊篮

小型的盆栽吊篮也是墙面装饰的一种形式，这种吊篮形式简单有趣，仿佛是墙面悬挂的壁灯一般。在墙面固定吊臂，将带有吊环的盆栽挂在吊臂上就成为了墙面的一处小装饰。这样的吊篮在吊臂、花盆形式以及植物搭配上都有较多的选择性，各种内容组合起来，形式十分丰富。

🌱 花境

花园中的花境不能遮挡行人的全部视线，所以较少使用高大的灌木和小乔木，种类丰富的草花应用得较多，在一定程度上也代替了花园的地被植物。通过多种植物的搭配栽植，花境的每一处都是独特的景致，这样的小花境伴随着花园中的园路，使花园的整体环境更具花园的气息。

🌱 基角处的花草点缀

在花园景亭、花架、花门等建筑小品的设置过程中，植物的搭配总是不可缺少的，除了藤蔓植物与之组合外，在建筑的立柱基角设计一处小花池栽植植物，也是十分灵动的一笔。这样的组合形式将花草与建筑完美融合且花草又不会喧宾夺主，抢去建筑小品的风采。

5. 简单的园艺小工具

🌱 家庭园艺小工具

喜欢在家里种植的朋友都会有几样好用的工具，市面上也有越来越多的园艺工具供我们选择。可它们的功能都是怎样的呢？哪些可以买？哪些又没有必要带回家呢？看看下面的介绍，你的心里就该有数了。

平口铲： 换季时给家里的植物换盆更换新土的时候，它就派上用场了。不管是撮土还是往花盆内添土都很好用。

三爪耙： 用来松土或者给小花园除草，塑胶柄的材质，手感很好。

尖铲： 样子小巧可爱，小型盆栽的移植用它来挖土和移株。小朋友也很喜欢用它来挖沙子。

四爪平耙： 种植蔬菜撒种子前使平好的土变成像田地一样的地垄沟，它其实就是种地的爬犁。

花剪：园丁用它修剪枝叶，在家里可以修剪大型绿植的枝叶，也可以剪塑料盆以备换盆之用。

量勺：有5ml和10ml两种容量选择。一般用来量取液体肥料给家里的花草施肥。

喷壶：打压几下就会喷出水来，水流的大小可调整。适合喷洒绿植的叶子和刚种完种子的土地。

浇水壶：流线型的设计，手感很好。双层环水设计，不会让水漏得满地都是。

一次性育苗花盆：是在育苗室使用的，换盆的时候去掉一次性花盆，直接上盆很方便。

塑料标签： 防止在出苗前忘记所播种的植物品种，同时也是向人介绍的小标签。

穴盘： 育苗的时候使用，可以重复使用，便宜又方便。

小篮子： 收获植物的时候用，也可以用来转移小苗。

手套： 在花园中做修剪等工作时用于保护手。

Tips

家庭园艺操作过程中使用的小工具，不仅有掘土的铁锹、浇水的喷壶等基本工具，还有方便移动的花架、花托等小物品，其中包括一些实用的进口商品，新奇美观、各式各样。这些园艺小工具为园艺爱好者带来了更多的种植乐趣。

PART2
绿色菜园搬进家

怡人的家居环境，
舒心的家居生活，
需要一座绿色的房子。
一起来种绿色的蔬菜吧！
每一个果实，
每一片绿叶，
都是生活中最美的装饰……

一、圆滚滚的小家伙

小番茄
Cherry Tomatoes

一年生草本植物

科属：茄科茄属
别名：圣女果、樱桃番茄、迷你番茄
适宜人群：家庭主妇、老人、儿童

其实小番茄喜欢这样子

小番茄是喜温、喜光的蔬菜，根系生长的最适温度为 20～22℃，生长期最适气温为 18～28℃，生长期需要较多的水分，但不适宜进行大水浇灌，对土壤质地要求不严格，播种前必须先对土壤进行消毒。

生长月份表

1月	2月	3月	4月	5月	6月	7月	8月	9月	10月	11月	12月
		适栽期									

施肥 ▶ 施基肥，采收 2～3 蓬果，施液肥一次
浇水 ▶ 少浇勤浇，控制一定的湿度

小番茄1变10

1. 将准备好的盆土浇透水备用。
2. 在盆土表面用手指扎出深 3～4cm 的洞穴，将种子放入，用土填平洞穴。
3. 3～4 日后便会长出细长的子叶，若未出苗，应及时补种。
4. 在植株长到 20～30cm 时，在离茎 2cm 左右插入竹棍做临时支柱，用绳子以"8"字绑法固定茎秆，并给茎秆留出一些生长空间，依靠着支柱，小苗逐渐长成苗壮的迷你番茄。

你一定要知道的小常识

1. 提高土壤温度可以促进小番茄根系的生长，从而促进植株的生长发育。
2. 播种前先浇透水，避免播后再浇水，导致种子流失。

小番茄养护 Q&A

Q1 小番茄终于结果了，可是怎么出现了落果呢？

A1 阴雨天光照不足，浇水不均匀，土壤忽干忽湿，花期水分失调，花柄处形成离层，水肥不足等都会造成小番茄落花落果现象。防治措施有合理控制水肥，每天给予一定的光照，或者是使用植物生长调节剂，如番茄灵浓度 25～50μg，在花期涂抹花柱。

Q2 我家的小番茄植株上出现了小虫子，怎么办呀？

A2 一般在家庭种植的小番茄不会出现什么病虫害，只要能控制好湿度就可以避免病虫害的发生。若已经出现了小虫子可以每月喷 2～3 次肥皂水或烟丝泡水；对于发生病害的叶片和果实，一经发现应立即摘除，防止蔓延。

🌱 它们也可以这样子栽种哦

黄圣女果

黄圣女果的果实为橘黄色，与小番茄属于同种植物，并不是因为病虫害导致果实的颜色发生变化。黄圣女果在果实为绿色时也不能食用。

西红柿

西红柿与小番茄属于同种植物，生活中大西红柿更为常见。西红柿的种植方法和小番茄相同，但西红柿不如小番茄耐热，故而在夏季栽植时应注意适当的遮阳。

小番茄大变身

甜心叉叉果

材料： 小番茄若干、白糖、油、芝麻、水

做法： 1. 芝麻炒熟盛出备用；小番茄洗净扎上牙签备用；一碗凉水备用；

2. 炒糖，先将油烧热，再放入白糖（油糖比约1：3），温火将糖熔化，用勺子慢慢搅动，直到糖炒为浅黄色，糖汁翻起小白泡时，便可关火；

3. 将扎上牙签的小番茄在糖汁中转动，使小番茄均匀地裹上糖汁，在水中蘸一下，防止糖汁拔丝；

4. 将裹着糖汁的小番茄在芝麻中转动，使其裹上一层芝麻，甜美的叉叉果就出来啦。

可爱的蝴蝶造型对小孩子很有吸引力哦

小番茄味道酸甜可口，经过熬制，可以做成美味的番茄酱

番茄罐头

樱桃萝卜
Cherry Radish
一年生根茎类蔬菜

科属：十字花科萝卜属
别称：小粒萝卜、小根萝卜
适宜人群：家庭主妇、儿童

PART 2 绿色菜园搬进家

其实樱桃萝卜喜欢这样子

樱桃萝卜适应性很强，对环境条件的要求不严格。喜光照，适宜生长的温度范围为 5～25℃，水分要求均匀供应，对土壤要求也不严格。

生长月份表

1月	2月	3月	4月	5月	6月	7月	8月	9月	10月	11月	12月
		适栽期									

施肥 ▶ 施足基肥 4～6片叶子时每月浇2次液态肥
浇水 ▶ 小水勤浇
采收 ▶ 温度适宜 播后30～35天 温度较低50～60天

樱桃萝卜1变10

1. 在长方形花盆中倒入营养土（留出2～3cm的浇水空间）并浇透水；

2. 在盆土中用手指划出条状沟槽，各槽间距为5～6cm，在槽内逐一播种（种子间距为2～3cm）覆薄土；

3. 播种2～3天后就会发芽，发芽后将花盆移至阳光充足的地方；

4. 发芽一周后进行疏苗，间距为5cm左右，并在植株周围培土固定植株。接下来就是精心养护，等待收获啦。

你一定要知道的小常识

1. 樱桃萝卜生长过程中若水分过多，肉质根皮孔加大变粗糙；若长期干旱，生长缓慢，须根增多；干湿不均则容易造成裂根。故而在其生长期内应保持一定的土壤湿度。

2. 萝卜属于长日照作物，在每天12小时以上日照条件下才能进入开花期。

25

樱桃萝卜养护 Q&A

Q1 我家的樱桃萝卜养护得一直很细心，为什么收获时还是出现了裂根呢？

A1 樱桃萝卜的裂根不一定都是水分失衡造成的，收获过晚吸收养分过多时也会出现裂根。在其生长过程中一旦根部外露就表示可以收获了，根部膨胀外露的情形逐渐明显时就表示随时都可以采收了。

Q2 樱桃萝卜终于开花了，可是叶片怎么变成浓绿淡绿相间的花叶了，还有一些褐色的斑点？

A2 这些现象是病毒病的前期症状，若不及时防治，发病后期叶片就会变黄变脆，严重的植株会停止生长。阳台种植很难感染到这种病害，若偶有发生，使用20%的病毒净500倍液每7天一次，连喷3~4次即可。苗期是病毒病的易感时期，也可在此期间喷药防治，以避免病毒感染传播。

🌱 它们也可以这样子栽种哦

胡萝卜

胡萝卜与樱桃萝卜外形差异较大，但在栽植技术上如出一辙，同时要注意的是，胡萝卜的生长期较樱桃萝卜长一些，对土壤的深度要求更深一些。

甜根菜

甜根菜与樱桃萝卜的外形相似，只是个头比樱桃萝卜大得多，甜根菜与樱桃萝卜的生长习性相似，只是在栽植时要求的土壤厚度更厚，栽植的间距也相对要宽一些。

樱桃萝卜大变身

摩洛哥风味甜橙樱桃萝卜沙拉

材料： 樱桃萝卜 200 克，甜橙中等大小 1 个，白糖 3 克，橄榄油 5 克，柠檬汁 5 克，肉桂粉少许，薄荷叶少许。

做法：
1. 将樱桃萝卜用盐水泡 10 分钟，然后清洗干净切成薄片，放入沙拉碗中；
2. 甜橙切掉两端外皮，顺着橙子瓣的方向向内切，将橙子整个带皮打开，这样可以轻松地取出橙肉，放在沙拉碗中；
3. 向碗内依次加入橄榄油、白糖、柠檬汁，用勺子拌匀，之后装盘；
4. 最后点缀少许薄荷叶，再撒一点肉桂粉即可食用。

Tips
肉桂粉和薄荷叶的作用是增加口感，如果获取不方便，都可以省略。夏季做好后，可放入冰箱冷藏一段时间，口感更佳。

樱桃萝卜的缨子不要扔掉，它也是叶菜的一种

樱桃萝卜汁

将樱桃萝卜雕刻成可爱的形状，对孩子很有吸引力，直接生食还非常健康哦

土豆 Potato
一年生草本植物

科属：茄科茄属
别名：马铃薯、洋芋、地蛋
适宜人群：家庭主妇、上班族、老人

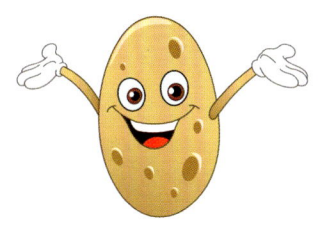

其实土豆喜欢这样子

土豆性喜冷凉，是喜欢低温的作物，同时也需要一定的光照。其地下块茎的形成和生长需要凉爽湿润、透气性好的土壤环境。块茎生长的最适温是16～18℃，当气温高于25℃时，块茎会停止生长；茎叶生长的适温是15～25℃。

生长月份表

1月	2月	3月	4月	5月	6月	7月	8月	9月	10月	11月	12月
	适栽期										

施肥 ▶ 重施基肥
浇水 ▶ 怕旱怕涝
采收 ▶ 播种后100～115天

土豆1变10

1. 土豆的繁殖方法主要是块茎繁殖，应选择芽眼较多的土豆备用；

2. 将土豆切分为小块，保证每个小块至少有一个芽眼；

3. 有芽眼的小土豆块就是土豆的种子，将其播种在土壤中，浇透水；

4. 出苗后随植株生长，应进行1～2次培土，厚度为5～10cm。

你一定要知道的小常识

1. 盆栽土豆可以用垃圾桶、大型花盆等深度至少有24cm的容器，一般一个花盆里只够种一株土豆，而大桶可以多种几株。

2. 种植土豆的土壤不必肥沃，但必须是偏干燥的土壤。若想提高产量，最好用营养液、河沙或沙土、珍珠岩、煤渣等混合配制的盆栽营养土。

土豆养护 Q&A

Q1 我家种的土豆叶子长得很茂盛，怎么结的土豆这么小呢？

A1 这种情况应该是栽培时温度偏高，地下块茎生长缓慢，而叶片生长温度适宜，吸收了过多养分，导致了这个现象。应当尽快把土豆转移到凉快的地方。也有可能是土壤或施的肥料中氮元素过多，造成的叶片肥大，应当注意控制肥水。

Q2 刚收获的土豆怎么长了一些小白毛呢？

A2 这应该是土豆感染到病害了，下次播种时将种子用 40% 福尔马林 200 倍液体浸泡后包裹严实闷种 2 小时，给种子彻底杀菌。若叶子受到病害，应提前割蔓，2 周后再收土豆，避免病害蔓延。出现了病菌的土壤也要消毒后才能再使用。

它们也可以这样子栽种哦

迷你土豆

迷你土豆其实也是土豆的一种，生长习性自然与土豆是一样的。迷你土豆的食用方法更多，因其小巧的特点，迷你土豆也更受小孩子们的欢迎。

土豆大变身

香脆土豆球

材料： 土豆 500 克，奶粉 50 克，糯米粉 200 克，盐 5 克，胡椒粉少许，芝士片 2 片，面包糠适量，花生油适量。

做法：
1. 把土豆刮皮后隔水蒸熟，晾凉后用勺子压成土豆泥，依次加入奶粉、糯米粉、盐和胡椒粉，揉成不粘手的面团；
2. 将土豆面团分成剂子，每个剂子包入芝士片，搓圆后均匀滚上面包糠；
3. 油锅烧至五成热左右，放入土豆球，小火炸至表面金黄、外壳稍硬即可；
4. 捞出后用厨房纸吸去余油，即可食用，与番茄酱同食更美味。

Tips

如果喜欢香甜口味，可适量添加一点白砂糖或蜂蜜，还可在炸好后撒上一点芝麻。糯米粉可以用面粉代替，但软糯度会下降。炸的时候注意火不要太大，否则容易糊。

香蕉土豆泥

材料： 土豆 1 个，香蕉 1 个，蜂蜜适量。

做法： 土豆去皮上锅蒸熟，捣成泥，香蕉去皮也捣成泥，然后把土豆泥和香蕉泥搅拌均匀，淋上蜂蜜，一款好吃的甜品就出来啦。

Tips

1. 加入草莓丁、苹果丁等水果会使其更美味哦。
2. 土豆泥属于百搭食物，蔬菜、牛奶、鸡蛋、牛肉都可以和它组合哦。

茄子 Eggplant
一年生草本植物

科属：茄科茄属
别名：落苏、昆仑瓜、矮瓜
适宜人群：家庭主妇、上班族

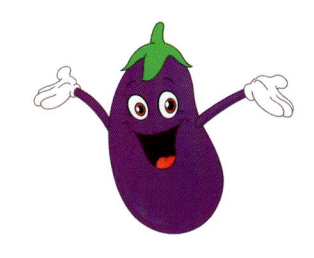

其实茄子喜欢这样子

茄子是喜温作物，耐高温，怕冷，对光周期反应不敏感，只要温度适宜就可全年开花和结果。对土壤质地要求不严格，但是需肥较多，需要有机质丰富和肥沃的土壤。

生长月份表

1月	2月	3月	4月	5月	6月	7月	8月	9月	10月	11月	12月
	适栽期										

施肥 ▶ 施足基肥 并多次追肥
浇水 ▶ 少浇 见干再浇 结果期保持湿度
采收 ▶ 播种后 90～100 天

茄子1变10

1. 育苗：将种子与细土拌匀洒在土壤表面，低温时可用塑料袋做一个简易的大棚，3～7天可出苗；

2. 幼苗长到5～6片叶子时定植，一般每个花盆一株；

3. 生长期及时摘除第一花序以下的老叶和嫩芽，以便减少营养消耗；

4. 精心养护，等待享受收获的喜悦吧。

你一定要知道的小常识

1. 茄子种子较厚，直接播种不易发芽，播种前应先浸种8小时左右，捞出晾干水分，摊晾8～12小时，再浸泡4～6小时，摊晾8～12小时，然后进行播种。

2. 茄子生长期对水分需求较少，过多的水会引起植株疯长，从而影响其开花结果。

茄子养护 Q&A

Q1 听说茄子可以越冬生长，能实现吗？

A1 茄子原产热带，本是多年生植物，只要温度适宜便可生长多年，在北方冬季温度低，茄子就做一年生栽培，为了不影响生长，让其安全过冬，就可以将植株搬到室内养护。如果阳台夜温不低于10℃，则不会影响其生长。

Q2 茄子生长过程中怎样预防病害？

A2 阳台种植的茄子一般不会发生病害，最有可能发生的病害是黄萎病，主要表现是叶片发黄卷曲，植株萎蔫，防治方法有用菌根消1000倍液在定植前浸根，对栽培土壤进行杀菌。

🌱 它们也可以这样子栽种哦

白茄子

白茄子与普通的紫茄子相比，其营养价值更加丰富，植株生长旺盛，果实早熟，果形小，肉厚，口感鲜美。栽植形式与紫茄子相同，也比较适合家庭种植

PART 2 绿色菜园搬进家

茄子大变身

红糖煎茄子

材料： 茄子1个、红糖、水

做法： 1. 茄子洗净切片备用，可适当切薄些；
2. 锅中倒入红糖和水比例为2∶1，小火慢慢将糖熔解；
3. 放入切片的茄子，依然保持小火，慢慢地煎，直到两面的颜色都很深，且保证茄子煎熟，即可盛出装盘食用，还可依个人口味淋上牛奶或沙拉酱等调味。

Tips

1：切片后的茄子也要洗哦，不然煎出来的茄子会黑黑的。
2：茄子片也可以裹上鸡蛋面粉来煎炸哦。

卷茄子

草莓 Strawberry

多年生草本植物

科属：蔷薇科草莓属
别名：红莓、洋莓、地莓
适宜人群：儿童、家庭主妇、老人

PART 2 绿色菜园搬进家

其实草莓喜欢这样子

草莓是一种人见人爱的水果，只要温度适宜就可全年生长，所以每年在家里种上几棵，就可长期享受草莓的美味了。草莓喜光，喜潮湿，怕水渍，不耐旱，喜肥沃、透气良好的砂壤土。春季气温上升到5℃以上时，植株开始萌发，最适生长温度为20~26℃。

生长月份表

1月	2月	3月	4月	5月	6月	7月	8月	9月	10月	11月	12月

适栽期

施肥 ▶ 追肥 初花期、坐果期各追肥一次
浇水 ▶ 浇水勤浇少浇
采收 ▶ 开花后45~65天

草莓1变10

1. 草莓的繁殖方法主要是匍匐茎繁殖，选择生长良好并生出一枝匍匐茎的草莓植株；

2. 注意养护，待其匍匐茎端头长出一个小植株；

3. 当小植株长到3~4片叶子时，就可以将其剪下，作为新植株；

4. 将新植株栽种到花盆中，合理浇水，不要让其开花，以保证其第一年积累足够的养分。

你一定要知道的小常识

1. 草莓结果时，注意果实不能接触土壤，所以花盆种植草莓是个不错的选择。在盆土表面铺上一层石头或者干草，避免浇水时泥土溅到草莓上。

2. 草莓种植的第一年主要是养分积累阶段，能收获的草莓比较少，第二、三年产量较高，往后产量逐年下降需要更新植株。

37

草莓养护 Q&A

Q1 冬天到了阳台上的小草莓该怎么过冬呀?

A1 如果阳台没有暖气,可以把草莓拿到室内来养护;或者想让它露天过冬的话,就用杂草铺盖一层,到开春时揭开就行了,冬天草莓的地下部分会进入休眠,开春了会长出新的植株来。

Q2 我家的草莓叶片变黄、畸形,慢慢地开始枯死了,这是怎么回事啊?

A2 这应该是草莓的黄萎病,出现该病状后应给盆体充分浇水,然后用塑料膜或者保鲜膜覆盖盆土,放置于太阳下,帮助土壤进行消毒就可以啦。

🌱 它们也可以这样子栽种哦

地榆

地榆与草莓的生长习性相似,可用同样的栽培方式来管理。地榆的可食用部分为根部。地榆的根具有很高的营养保健价值,可以用来煲汤、煮粥、炒菜或是与蜂蜜做成爽口的茶饮品。

羽衣草

羽衣草与草莓同属蔷薇科的草本植物,在生长周期上也有许多共同点,但羽衣草对环境的适应性比草莓更强,在庭院中更容易养护,是庭院良好的地被和盆栽装饰植物。

草莓大变身

草莓巧克力

材料： 草莓250克，白巧克力100克，黑巧克力100克，白兰地酒10克，动物性鲜奶油100克。

做法： 1. 草莓保留蒂头和叶子，用淡盐水浸泡10分钟，再冲洗几次，直到干净为止，沥干水分；

2. 将黑巧克力掰成小块放在碗中，再放到热水上隔水融化；

3. 选取一半草莓，拿住草莓蒂，将草莓逐个浸入到黑巧克力中，蘸满巧克力后拿出，放在干净的烤箱用纸或盘子中，等待巧克力冷却变硬；

4. 将动物性鲜奶油煮沸，放入切碎的白巧克力，拌至融化，加入白兰地酒拌匀，待冷却变浓稠。将白巧克力隔水加热至融化，将剩下的一半草莓，逐个蘸满白巧克力，等待冷却；

5. 将剩余的黑巧克力和白巧克力分别装入裱花袋中，穿插颜色在冷却的草莓上画出花样，完成后可单独食用，也可放在甜点上一起食用。

Tips

白巧克力中放奶油以及白兰地可以提升口感，如果喜欢，也可以将其放在黑巧克中。

鲜食草莓或榨成草莓汁，能够给人带来香甜爽滑的口感

草莓加糖和柠檬汁制成草莓酱，可以在没有草莓的季节仍然享受到草莓的美味

结合鲜艳的花盆，草莓也可以是活泼可爱的装饰小盆栽哦

二、绿油油的叶菜

小白菜 bok choy
一二年生草本植物

科属：十字花科芸薹属
别名：不结球白菜、胶菜、油白菜
适宜人群：家庭主妇、老人

其实小白菜喜欢这样子

小白菜性喜冷凉，发芽的最适温度为 20～25℃，在此温度下 2～3 天即可发芽。生长最适平均气温为 18～20℃。小白菜耐寒能力较强，在 -2～-3℃下也能安全越冬，但是生长缓慢。又较耐高温，几乎一年四季都可种植、上市。但如果从适口性、安全性和营养性看，一月到三月则是小白菜消费的最佳季节。

生长月份表

1月	2月	3月	4月	5月	6月	7月	8月	9月	10月	11月	12月

适栽期
施肥 ▶ 定植或移栽后及时追肥
浇水 ▶ 勤浇少浇
采收 ▶ 播种后 20～40 天

小白菜 1 变 10

1. 先将种子浸泡在 50～55℃的温水中 15 分钟，再置于常温的水中浸泡 6～8 小时；

2. 将营养土装入容器内并整平，浇透水，然后将种子均匀地撒在土壤表面，再覆盖一层细土即可；

3. 需要进行分苗移栽的，小苗 4 片叶时移栽入盆。入盆前先在装有营养土的盆内，每隔 10cm 左右挖好 5～7cm 深的穴；

4. 用竹签小心挖出白菜苗，栽植时将根系垂直、舒展地栽在穴内，将植株扶正，埋好即可。栽后应浇足底水。

你一定要知道的小常识

1. 浇水以早晚进行最好，不可以在过热的中午浇水，浇过水后待水渗入土壤不黏时，可以用小耙松松土。

2. 南方全年可播种，但以春秋播种最佳；北方春、夏、秋三季都可播种，冬天在室内也可以，但生长期会加长。

小白菜养护 Q&A

Q1 小白菜移栽后放在阳台上怎么全都蔫儿了，浇水也没能挽救过来。

A1 小白菜喜温暖湿润环境，栽培时可以放在楼顶天台、阳台等阳光充足的地方。但是需要移栽的小白菜，在移栽后需要缓苗。移栽后要保持保湿、保温、遮阴的环境，4～5天后逐渐见阳光，即可缓苗。

Q2 小白菜出苗后长势缓慢，叶子也变得畸形，是养护不得当吗？

A2 正常管理时出现这种情况可能是发生了病毒病，病毒病一般在苗期受害，严重的生长受阻，植株矮化，影响产量和品质。预防措施有：种植前施足有机肥；消灭蚜虫传染源；选用抗病品种；尽量采用直播栽培。

🌱 它们也可以这样子栽种哦

绿甘蓝

绿甘蓝为十字花科植物的茎叶，俗称包心菜、洋白菜。可以烹炒、炝拌、做馅，或汤食。绿甘蓝含有丰富的维生素C和β胡萝卜素，大量的维生素U纤维素及糖等多种营养成分。

青菜

青菜是十字花科植物油菜的嫩茎叶，颜色深绿。帮如白菜，属十字花科白菜的变种。青菜是一年四季都可以吃到的蔬菜，被人们誉为"抗癌蔬菜"。在一些地方，青菜也可泛指绿色蔬菜。

PART 2 绿色菜园搬进家

小白菜大变身

小白菜大米粥

材料： 大米 1 碗，小白菜的叶子适量。

做法： 1. 将小白菜洗净，放入开水锅内煮软，切碎备用；

2. 将大米洗净，用清水浸泡 1～2 小时，放入锅内，煮 30～40 分钟，在停火之前加入切碎的小白菜，再煮 2 分钟即成。

Tips

1. 小白菜叶的用量可以根据粥的多少酌情增减。
2. 小白菜煮的时间不宜过长，时间长了会破坏其营养价值。

盆栽的小白菜与其他绿植组合在一起，装饰环境

红色陶瓷罐撒播的小白菜形成簇状，也是环境中清新的装饰品

小白菜的种子也可以用来发芽苗菜

43

苋菜
Amaranthus tricolor
一年生草本植物

科属：苋科
别名：玉米菜、老来少、三色苋
适宜人群：家庭主妇、上班族、老人

PART 2 绿色菜园搬进家

其实苋菜喜欢这样子

苋菜为一年生草本植物，喜暖，较耐热，病虫害少。生长适宜温度为23～27℃，20℃以下生长缓慢，10℃以下种子发芽困难。喜欢湿润的土壤，但不耐涝，对空气湿度要求不高。适宜温度下2～3天即可发芽。属短日性蔬菜，在高温短日照条件下，易抽薹开花。在春季栽培，品质柔嫩，产量高。

生长月份表

1月	2月	3月	4月	5月	6月	7月	8月	9月	10月	11月	12月
		适栽期									
			花期								
				果期							

苋菜1变10

1. 苋菜采用撒播的方式；
2. 选择沙土或粘壤土，且偏碱性的土壤来栽种苋菜；
3. 盆土浇足底水后播种，用小齿耙轻耙表土，使种子播入土中，畦面再盖一层细土；
4. 在盛夏高温期，需覆盖遮阳网昼盖夜揭，创造适温环境；
5. 通常2～3天发芽，一个月左右即可食用。

你一定要知道的小常识

1. 苋菜病虫害少且生长旺盛，需肥量大，不宜连作。
2. 苋菜有三个种类，绿苋、红苋和彩苋，绿苋较硬，后两种较软，可根据喜好选购品种。

苋菜养护 Q&A

Q1 苋菜生长过程中怎么施肥和浇水？

A1 要保证苋菜的正常生长，施肥很重要。在长出2片叶时，选一个晴天进行第一次追肥，约12天进行第二次追肥，每次采收后也要施肥，以氮肥为主。发芽期间无须浇水，出苗后宜小水勤浇，夏季的时候要注意浇充足的水分。

Q2 苋菜应怎么间苗？

A2 苋菜是需要进行间苗的，可以让植株吸收到足够的营养。在苋菜长到2～3片真叶时需要进行第一次间苗，长到5～6片真叶时需要经行第二次间苗。把一些瘦弱有病虫害的植株全都拔出，还可以防止病虫害的侵袭。

🌱 它们也可以这样子栽种哦

木耳菜

木耳菜是落葵科一年生蔓生草本植物，木耳菜以幼苗、嫩梢或嫩叶供食，质地柔嫩软滑，营养价值高。北方栽植不能过冬，生长期需水量大，是一种实用的阳台蔬菜种类。

空心菜

空心菜同属一年生草本植物，喜欢高温潮湿的气候，同样喜欢充足的肥水，在阳光不充足时要盖膜。功效与苋菜类似，同样适合在阳台栽种。

苋菜大变身

紫苋凉粉块

材料： 绿豆淀粉40克，紫苋菜水240克，炼乳适量，蜂蜜适量，牛奶适量。

做法：
1. 苋菜倒进热水中微微烫熟，捞出投凉，用手揉出红汁；
2. 将苋菜汁舀一大勺到淀粉的碗里，用筷子把淀粉搅匀稀释；
3. 将淀粉水倒回到剩下的苋菜汁中，混合搅匀；
4. 倒入锅中，开小火，一边加热一边不断地画圆搅拌；
5. 等到变成浓稠的糊状了，关火，倒到容器里面，放凉后就成形了；
6. 取出凉皮冻，倒扣，切成小方块；
7. 取一个小碗，里面加入适量的牛奶、炼乳和蜂蜜搅匀；
8. 最后把调好的奶汁淋上就可以开吃了。

Tips

1. 搅拌时一定要边加热边搅拌，火不能加大，不然会粘锅。
2. 绿豆淀粉和水比例是1:6最佳。
3. 如果喜欢酸辣口味，可以用醋、蒜和辣椒调制成汁取代奶汁。

苋菜能补气、清热、明目、利大小肠，与蒜汁一同凉拌非常消暑

与蚕豆一同炒制，具有丰富的营养价值，味道十分清香

蒲公英 Dandelion
多年生草本植物

科属：菊科蒲公英属
别名：蒲公草、食用蒲公英、婆婆丁
适宜人群：儿童、家庭主妇、老人

其实蒲公英喜欢这样子

蒲公英一般生长在路边、宅院、荒地等地带，适应性非常强，管理起来也十分粗放。一般在二月下旬天气稍暖和时，就可以进行露天栽植了。有良好的家居环境便可以全年进行栽植。

生长月份表

	1月	2月	3月	4月	5月	6月	7月	8月	9月	10月	11月	12月
适栽期		■	■	■	■	■	■	■	■			
花期				■	■	■	■	■	■			
果期					■	■	■	■	■	■		

采收 ▶ 开花前采收嫩叶

蒲公英1变10

1. 在栽植盆内铺上6～10cm的营养土，按行距10～15cm、深3cm开好沟，备用；

2. 将种子均匀撒入沟内，然后覆土，覆土不要太厚，直接用小耙子耙平就可以了；

3. 浇透水，出苗期间保持盆土湿润，5～7天就可以出苗啦。

你一定要知道的小常识

1. 蒲公英的种子十分细小，为避免播种不均匀，播前在种子内掺入3～6倍的细沙与种子拌匀，保证播种的密度适中。

2. 蒲公英的幼苗十分怕水，故而出苗后要适当进行控水，避免幼苗烂根。

蒲公英养护 Q&A

Q1 小蒲公英出苗植株很小，却有花骨朵了，是怎么回事？

A1 在蒲公英生长期间没有控制好水肥管理，就容易产生小老苗。出苗时适当进行控水，当叶长5cm左右时要及时进行追肥并及时浇水。不能适时恢复肥水容易产生小老苗。

Q2 蒲公英的下部叶片出现了褐色的圆形小斑，且逐渐扩大，部分叶片要枯死了，是发生了病害吗？

A2 是的，下部叶片出现了褐色的圆形小斑，部分叶片有枯死迹象，是蒲公英感染了叶枯病的表现。在发病初期选用50%的多菌灵600倍液进行喷雾，间隔两周进行2～3次就能消除病害了。

它们也可以这样子栽种哦

生菜

生菜是叶用莴苣的俗称，是常见的生食蔬菜。生菜的栽植管理方法与蒲公英相似。生菜更耐水涝一些，对环境的要求也较低。生菜成年苗的造型十分独特，是简单实用的阳台蔬菜。

PART 2 绿色菜园搬进家

蒲公英大变身

粉蒸蒲公英

材料：蒲公英 200 克，面粉 1 大勺，玉米面 2 大勺，大蒜 4 瓣，盐少许。

做法：
1. 用盐水浸泡蒲公英 15 分钟左右，洗净控干水分，切碎；
2. 去掉大蒜皮，捣碎成蒜末；
3. 取 1 个大碗，将蒲公英、一半蒜末、面粉、玉米面和盐放入碗中；
4. 将碗中所有的材料搅拌均匀，使蒲公英蘸满面粉；
5. 放入蒸锅中，大火蒸 5～8 分钟；
6. 出锅后装盘，放入另一半蒜末，淋一些芝麻油即可食用。

Tips

蒲公英尽量切得细碎一些，口感会较好；面粉的用量可自行增减；蒸的时间不宜过长，时间太久蒲公英容易蔫。

蒲公英的整个植株都是泡茶的好材料，同时蒲公英还可以与桔梗、红枣、玉米等做成营养美味又健康的养生汤

蒲公英的嫩叶也可以生食，尤其是鲜嫩的花茎生食十分可口

三、味道浓郁的香辛菜类

香菜
Coriander Herb

一年生草本植物

科属：伞形科芫荽属
别名：芫荽、盐荽、胡荽、香荽
适宜人群：家庭主妇、老人

其实香菜喜欢这样子

香菜属耐寒性蔬菜，要求较冷凉湿润的环境条件，在高温干旱条件下生长不良。香菜属于低温、长日照植物。在一般条件下幼苗在 2～5℃低温下，经过 10～20 天，可完成春化。香菜为浅根系蔬菜，吸收能力弱，所以对土壤水分和养分要求均较严格，保水保肥力强，有机质丰富的土壤最适宜生长。

生长月份表

1月	2月	3月	4月	5月	6月	7月	8月	9月	10月	11月	12月

适栽期

施肥 ▶ 播种前施足基肥

浇水 ▶ 经常浇水

采收 ▶ 播种后 40～60 天

香菜 1 变 10

1. 用 1%高锰酸钾溶液浸种 15 分钟或用 10%多菌灵可湿性粉剂液浸种 30 分钟，捞出洗净，取出后放在 20～25℃温度条件下催芽；

2. 将营养土装入容器内并整平，按行距 8～10cm，开宽 4～5cm、深约 2cm 播种条沟；

3. 将催好芽的种子均匀撒在条沟内，用小耙子覆土。

你一定要知道的小常识

1. 香菜有大叶品种和小叶品种。小叶品种产量虽不及大叶品种高，但香味浓，耐寒，适应性强，故一般栽培多选小叶品种。

2. 夏秋季节种植的香菜，会因夏秋季节的长日照条件而抽薹，这就要求选择耐抽薹的香菜品种。另外，加强肥水管理（浇头水时，轻追提苗肥），可减少抽薹发生。

香菜养护 Q&A

Q1 / A1 快收获的香菜茎叶部分变红了，如何处理？还能收获食用吗？

这是香菜出现了红秆现象，香菜的茎叶部分由绿变红。夏秋季节露天种植的香菜，其茎叶会受强光照射而变红。

要想预防香菜出现"红秆"，要早间苗，间苗后喷施一次新高脂膜，家庭栽植以幼苗长至 3cm 高间苗为宜，并保持间苗后的株距在 2cm 左右。

Q2 / A2 小香菜出现了烂心，是浇水过多了吗？

香菜烂心一般是雨水的作用，夏秋季节雨水多，对刚出苗不久的香菜幼苗危害很大。大雨过后，再骤然转晴，温度突然升高，极易导致香菜烂心。雨后接着轻浇一遍小水，量以不淹没幼苗为宜，再喷施新高脂膜一次，可防香菜烂心。

它们也可以这样子栽种哦

茼蒿

茼蒿的花很像野菊，所以又名菊花菜。茼蒿的茎和叶可以同食，有蒿之清气、菊之甘香，有鲜香嫩肥的赞誉。一般营养成分无所不备，尤其胡萝卜素的含量超过一般蔬菜。

野苋菜

野苋菜是苋科苋属的植物，苗期的野苋菜是一种美味的绿叶菜。野苋菜的栽植方式和小白菜相似，管理起来更为粗放，应及时收获避免植株变老，影响食用品质。

PART 2 绿色菜园搬进家

香菜大变身

香菜牛肉丝

材料： 牛肉 250 克，香菜 8 棵，鸡蛋 1 个，花生油 2 大勺，盐 4 克，葱、姜、蒜各 5 克左右，料酒、老抽各 1 小勺，生抽 2 大勺，淀粉 1 大勺，白糖 2 克，清水 1 大勺。

做法：
1. 将牛肉洗净，切成细丝，放在一个大碗中；
2. 加入蛋青 1 个、生粉、清水、料酒；
3. 碗中材料拌匀，之后倒入花生油，不要搅拌，让油封住肉，腌制 1 小时；
4. 大葱和蒜切片，姜切丝，香菜清洗干净后切断；
5. 将老抽、生抽、糖、盐依次加入装葱姜蒜的小碟中备用；
6. 锅入油烧热，放入牛肉丝快速翻炒断生，加入香菜迅速翻炒几下出锅，即可食用。

Tips

炒牛肉的时间要短，香菜放入锅中快速拌匀就马上关火，时间一定要掌握好，否则香菜炒过了卖相就不好了，也影响口感。

香菜的嫩茎和鲜叶有种特殊的香味，在很多菜肴中都是不可缺少的调料

鲜嫩的香菜青翠欲滴，用来装饰菜肴能让人胃口大开

辣椒 chili

一年或多年生草本植物

科属：茄科辣椒属
别名：红海椒、大椒、辣虎
适宜人群：家庭主妇、老人

其实辣椒喜欢这样子

种植辣椒适宜的温度为 15 ~ 34℃。种子发芽适宜温度 25 ~ 30℃，发芽需要 5 ~ 7 天，低于 15℃或高于 35℃时种子不发芽。幼苗不耐低温，要注意防寒。辣椒如果在 35℃时会出现落花落果。辣椒对水分要求严格，它既不耐旱也不耐涝，喜欢比较干爽的空气条件。

生长月份表

1月	2月	3月	4月	5月	6月	7月	8月	9月	10月	11月	12月

适栽期

施肥 ▶ 定植或移栽后及时追肥

浇水 ▶ 勤浇少浇，注意排涝

采收 ▶ 果实充分膨大、色泽青绿时或在果实变黄或红色成熟时再采摘

辣椒 1 变 10

1. 辣椒可撒播或点播以育苗移栽。提前对种子进行消毒，先用 50℃左右温水浸泡 15 分钟，再用 0.1% 高锰酸钾溶液浸泡约 20 分钟，用清水净后播种；

2. 土壤浇透水后，将种子撒播于土面，覆土约 1cm，保持土壤湿润。25 ~ 30℃时 3 ~ 5 天发芽，低于 15℃则难以发芽；

3. 苗期注意控制水分以免徒长，一般不干则不浇水。8 ~ 10 片真叶时，选温暖的晴天进行移栽定植，尽量多带泥土，每盆 1 株，种植深度以子叶齐土为宜，并浇透水，成活后正常管理。

你一定要知道的小常识

1. 辣椒的种类非常多，不同品种辣椒的辣度也不尽相同，选用品种时应注意不同品种辣椒的辣度，选择适合自己口味的辣椒品种。

2. 辣椒种子寿命较短，播种栽植发芽较慢，且出苗率较低，家庭阳台栽植建议购买育成的幼苗直接定植。

辣椒养护 Q&A

Q1: 阳台栽植辣椒自己怎样进行育苗呢?

A1: 育苗前将种子在阳光下暴晒2天,促进后熟,提高发芽率,杀死种子表面携带的病菌,再用25～30℃的温水浸泡8～12小时。在准备好的育苗盆或者穴盘内装上营养土,灌足底水,再喷用绿亨一号3000倍进行消毒。然后撒上薄薄一层细土,将种子均匀播在土面,再用0.5～1cm厚的细土覆盖,最后覆盖塑料膜保湿增温,5～7天就可以出苗。

Q2: 如何确定辣椒的采收期呢?

A2: 一般花谢后2～3周,果实充分膨大、色泽青绿时就可采收,也可在果实变黄或红色成熟时再采摘。注意尽量分多次采摘,连果柄一起摘下,留较多果实在植株上,可提高产量。第一次采摘之后必须加强管理,促进第二次结果盛期的形成,增加后期产量,结合浇水追施速效性肥料,补充土壤营养。

它们也可以这样子栽种哦

圆椒

圆椒是辣椒的一个变种,与普通辣椒的栽植方式一样。圆椒的辣度较低,比较适合大众口味,用作家庭栽植蔬菜能够满足不同人群的口味需要。

圆锥椒

圆锥椒是朝天椒的一个变种,栽植方式与普通辣椒一致,辣度较高,适合喜食辣口味的人群。在家庭烹制火锅中也常用到圆锥椒来炒锅底,味道十分鲜美。

PART 2 绿色菜园搬进家

辣椒大变身

腌制青辣椒

材料： 青椒，盐、酱油等调料

做法：
1. 将青椒洗净晾干后切开，按20：1加盐排去水；
2. 将花生油烧开，后倒入酱油，加入花椒、白糖、盐，后烧开、凉透；
3. 青椒入坛浇上花生油，再加入白酒、味精、生姜、香油，入坛密封30天后即成。

Tips

1、青辣椒洗干净后沥干水分，绝对不能有生水。自来水（生水）里的氯，会杀死泡菜菌，影响腌制的品质。
2、保证盛辣椒的器皿干净。

蔬菜沙拉中可以使用红辣椒来增色哦

红红的辣椒也是花艺作品中的好帮手

成串的红辣椒搭配新鲜的大蒜装饰出浓郁的乡村风情

59

洋葱 Onion
二至三年生草本植物

科属：百合科葱属
别名：球葱、圆葱
适宜人群：家庭主妇、上班族、老人

其实洋葱喜欢这样子

洋葱生长适宜温度为12～26℃。种子、鳞茎在3～5℃即能缓慢发芽，12℃以上发芽迅速。幼苗生长适温为12～20℃，但在-6～-7℃的低温下也可安全越冬。叶部旺盛生长的适温为12～20℃以上。鳞茎膨大期适温为20～25℃，超过28℃，鳞茎进入生理休眠期。

生长月份表

1月	2月	3月	4月	5月	6月	7月	8月	9月	10月	11月	12月
							适栽期				
				施肥 ▶ 越冬及春季返青时追肥							
					浇水 ▶ 小水勤浇，注意排涝防徒长						
			采收 ▶ 5～6月采收								

洋葱1变10

1. 选择没有播种过洋葱的盆土，整好土，开9～10cm间距的小沟，沟深1.5～2cm；

2. 先在苗床浇足底水，渗透后撒一薄层细土，再撒播种子，然后再覆土约1.5cm；

3. 幼苗发出1～2片真叶时，要及时进行间苗，保持苗距3～4cm。

你一定要知道的小常识

1. 洋葱不宜连作，也不宜与其他葱蒜类蔬菜重茬。栽植过洋葱的盆土不要再栽植葱蒜类蔬菜作物。

2. 洋葱早期会发生抽薹现象，在花球形成前要及时剪除，防止消耗养分。

洋葱养护 Q&A

Q1 家庭种植如何选择洋葱品种呢?

A1 洋葱按鲜茎皮色可分为红皮、黄皮和白皮三种;按鳞茎形状可分为扁平形、长椭圆形、长球形、球形和扁圆形五种。不同球形与早晚熟性有关,一般球形越扁,熟性越早。家庭栽植一般要选择熟性早的扁圆形洋葱。

Q2 收获的洋葱如何保存呢?

A2 洋葱是要存放在暗处的,低温、干燥、黑暗通风的地方才是存放洋葱最好的地方。洋葱如果有了划口或者是擦破皮就会释放出味道。不能把洋葱存放在塑料袋里面,因为如果存放在塑料袋里面就会很快腐烂。

🌱 它们也可以这样子栽种哦

大葱

大葱与洋葱长相差异较大,但是属于同科属植物,生长习性也比较相似,大葱的幼苗就可以食用,故而作为家庭栽植大葱的生育期相对较短,比较方便。

蒜苗

蒜苗与洋葱也是同科属植物,长相也比较相似,蒜苗的食用部分为茎叶时要求的生长期较短,若要收获大蒜头,则应控制茎叶生长,延长生育期。

PART 2 绿色菜园搬进家

洋葱大变身

炒洋葱

材料： 洋葱1个，芦笋2根，红色柿子椒半个，油两大勺，盐适量，鸡精适量。

做法：
1. 将洋葱清洗干净，去掉外皮后，切成宽一些的丝；
2. 芦笋洗净斜刀切成小段，柿子椒洗净切成宽丝；
3. 锅内倒入油，烧热后依次倒入切好的材料，快速翻炒；
4. 放入盐和鸡精起锅即可食用。

Tips

翻炒时先放入洋葱，略为变软后再放入芦笋和柿子椒，可以去除洋葱的辣味，让菜的口感更佳，如果有高汤适当放一些更鲜美。

用洋葱与三文鱼、生菜、藜麦等拌成沙拉，不仅美味还可减肥减脂

将洋葱与胡萝卜、土豆、瘦肉一起煲汤，有很高的营养价值

63

薄荷 peppermint
多年生草本植物

科属：唇形科
别名：银丹草
适宜人群：家庭主妇、上班族、老人

其实薄荷喜欢这样子

薄荷是多年生常绿草本植物，全株都具有芳香味。薄荷对温度适应能力较强，耐低温。最适宜生长温度为 25～30℃。气温低于 15℃时生长缓慢，高于 20℃时生长加快。只要水肥适宜，温度越高生长越快，为长日照作物，性喜阳光。对土壤要求不严格，一般土壤均可种植，其中以沙质壤土、冲积土最佳。

生长月份表

1月	2月	3月	4月	5月	6月	7月	8月	9月	10月	11月	12月
	适栽期					花期					
								果期			

薄荷1变10

1. 扦插繁殖：选择外观和内在品质好的品种，选择一些分支，在整好的土中，按行株距 7cm×3cm 进行扦插育苗，生根、发芽即可分别栽种到不同盆中；也可将分支放入水中，等待发芽后再放入土中栽培；

2. 种培：准备一张纸巾，用水打湿，折叠后放在带有盖子的容器中，将种子均匀地洒在纸巾上包裹，盖上盖子，放在常温环境中。纸巾要保持潮湿，一周左右就会发芽了，然后将其栽种到花盆里即可。

你一定要知道的小常识

在家栽种薄荷通常不推荐种培，如果种子的质量不好，发芽率很低而且苗会非常脆弱，选择品相好的成株扦插是最容易的家庭种植方式。

薄荷养护 Q&A

Q1 怎么给薄荷"剃头"？

A1 养殖薄荷一定要勤摘顶芽，俗称剃头。植株生长旺盛时，摘掉顶芽可以促进侧芽的生长，同时还可以避免薄荷长得过高。在摘顶芽时需注意不要一次将老叶子都剪掉，可留一部分合成养分，供新叶子生长，摘芽过度会引起生长缓慢。

Q2 薄荷怎么浇水比较好？

A2 薄荷前中期需水较多，特别是生长初期，可以每天浇一次，每次浇水要注意浇透，但不要过量，以防出现湿涝，冬季要减少浇水的次数和水量。如果用淘米水来浇，更有利于薄荷的生长。

薄荷大变身

将鲜嫩的薄荷叶与鲜核桃仁一同拌食，营养美味还可降暑气

薄荷和柠檬、蜂蜜一起榨汁，常喝可以改善油性发质和肤质

翠绿的薄荷叶，用来装饰甜品或菜肴还能让人食欲大增哦

PART3
迷你小花园

花园是人们对自然原野最真切的向往，
想要拥有梦幻般的房子，
就一起来改造家居中的小空间吧！
把盆栽悬挂在屋顶，
旧物改造出独特的小花架，
利用好每一个角落。
晚风、细雨、骄阳，
享受自己的花园生活……

一、花叶兼具的宝贝

风信子 Hyacinth

多年生草本植物

科属：风信子科风信子属
别名：洋水仙、西洋水仙、五色水仙
适宜人群：家庭主妇、上班族

Part 3 迷你小花园

其实风信子喜欢这样子

风信子喜冬季温暖湿润、夏季凉爽稍干燥、阳光充足或半阴的环境。喜肥沃、排水良好的沙壤土。温度高于35℃时会出现花芽分化受抑制、畸形生长盲花率增高的现象。温度过低又会使花芽受到冻害。风信子适合小型盆栽观赏或丛植。

生长月份表

1月	2月	3月	4月	5月	6月	7月	8月	9月	10月	11月	12月
								播种期			
	花期										

风信子1变10

1. 用壤土、腐叶土、细沙等混合作营养土，准备好新盆新土；

2. 成年风信子会在根部长出小球，待小球长到一定大小，轻轻将小球带根割下来，进行培养（培养的时间较长约3年）；

3. 将培养好的小球栽种到新盆中，就是新的风信子植株啦。

你一定要知道的小常识

1. 风信子种头打破休眠期要先放进冰箱冷藏1个月左右，以便于日后顺利开花。但从冰箱取出时最好移放在阴凉的地方7~8天再进行播种。

2. 以分球繁殖为主的风信子在育种时用种子繁殖，也可用鳞茎繁殖。母球栽植1年后分生1到2个子球也有品种可分生十个以上子球。分球繁殖的子球需3年才能开花。

69

风信子养护 Q&A

Q 如何挑选风信子种头？

A 选购风信子种头时要注意挑选皮色鲜明、质地结实没有病斑和虫口的，通常从种皮的颜色可以基本判断它所开的是什么颜色的花。比如外皮为紫红色的就会开紫红色的花，若是白色的将会开白色的花。但有些经过杂交育成的品种其颜色较为复杂，需要询问清楚。

它们也可以这样子栽种哦

葡萄风信子

葡萄风信子花如一串串紫色葡萄，非常美丽。它耐寒性强，在华北地区也能露天越冬。葡萄风信子的花茎较长，花朵也更为突出，簇生栽植十分美丽。

风信子大变身

花艺小盆栽

材料： 紫色风信子、栀子花、黑色陶制小花盆

做法：
1. 将需要重新上盆的风信子从旧盆中带土取出备用，选好栀子花花枝稍加修剪备用；
2. 将消过毒的黑色陶制花盆填土 1/3 左右，将带土的风信子植株放在花盆中稍加偏离中心的位置，为栀子花预留出空间；
3. 一手扶着风信子植株，另一只手用铲子往盆中填土，每填一层用手压实一次，直至土面离盆口 1～2cm；
4. 在预留的花盆空间中插入栀子花花枝，调整好造型；
5. 浇透水，注意喷水养护。

Tips

盆栽的风信子开花后花枝较长，视觉焦点集中在花朵上，下层显得比较单调，选一小枝栀子花插在盆中来装饰下层空间，也可以选择其他硬质花枝的植物如贴梗海棠等来代替栀子花。

色彩丰富的风信子组合栽植在花池中，色彩温暖热烈，生活环境也会更加温馨

1. 风信子种球　2. 沙漏形玻璃器皿容器中装净水置于暗处，选大型球株使球根底部浸于水中，当根长达10厘米时即移于明亮处。水养的风信子茂盛的根部也是美丽的风景

用营养土进行盆栽的风信子，一般10cm口径盆栽一球，开花后单株欣赏也别有韵味

深浅色搭配的风信子花池十分美观，环境的层次也很明显

松果菊 Coneflower

多年生草本植物

科属：菊科菊属
别名：紫锥花、紫锥菊
适宜人群：家庭主妇、上班族、老人

其实松果菊喜欢这样子

松果菊喜温暖向阳环境，抗寒耐旱，适生温度为 15～28℃，不择土壤。浇水不宜过多，梅雨季节，空气湿度大时更要控制浇水。生长期间要追施稀薄液肥，促使其生长。花蕾形成时每周施肥 1 次。多用于花坛镶边或布置花境，用作庭院地被，效果也很好。

生长月份表

1月	2月	3月	4月	5月	6月	7月	8月	9月	10月	11月	12月
			播种期								
				花期							

松果菊 1 变 10

1. 播种可在春季 4 月下旬或秋季 9 月初进行，将盆土整平后浇透水；
2. 待水全部渗入地下后，开始均匀撒播种子，控制环境温度在 22℃左右，2 周即可发芽；
3. 幼苗生长至 2 片真叶时可进行移植，当苗高约 10cm 时定植到花盆或花池中。

你一定要知道的小常识

1. 分株繁殖：对于多年生母株，可在春秋两季分株繁殖。每株需 4～5 个顶芽从根茎处割离。

2. 扦插繁殖：取长约 5 厘米的嫩梢，连叶插入沙床中，要求沙床不能过湿，且空气湿度要高，在温度 22℃条件下 3～4 周便可生根。

松果菊养护 Q&A

Q1 如何促使松果菊多开花呢？

A1 欲使松果菊多开花，可采取分期播种和花后及时修剪两种方法。分期播种：提前或延后在室内温度适宜的环境中播种。修剪残花调节花期：花谢后进行残花修剪，同时给予良好的肥水条件，3～4个月后又可再一次开花。

Q2 盆栽松果菊怎样控制株型？

A2 栽植松果菊，每盆视盆大小，可种3～5棵苗。在生长初期需摘心1次，促使分枝，增加花量。栽培植株每年更新一次为好。

🌱 它们也可以这样子栽种哦

翠菊

翠菊与松果菊同为菊属植物，其生长习性相似，翠菊的耐寒性不如松果菊，也不喜酷热，对水肥要求更精细。宜布置花境、盆栽及作切花用。

百日菊

百日菊性强健，与松果菊对环境的要求一致，家庭种植也十分容易成活。适宜种于花坛中，矮生的百日菊种可盆栽，也是优良的切花材料。

松果菊大变身

天然组合盆植

材料： 松果菊松露玫瑰、松果菊番木瓜、紫色树脂花盆、白色陶瓷花盆、粗陶花盆

做法：
1. 选好花盆以及对应搭配的松果菊品种备用；
2. 将配制好的培养土装至距离盆口 2cm 处，将土面调整平整；
3. 用筷子或小木棒在土面扎 0.5cm 深的孔穴，孔穴间隔 3～5cm；
4. 在孔穴中点播松果菊种子，每穴 2 粒种子，播完后将孔穴轻轻埋住，用手将盆土表面压实；
5. 做好浇水、施肥等管理，就等着收获美妙的盆植吧。

Tips

1. 气温较低时可在盆面裹上塑料膜，两侧扎孔透气，形成简易的大棚，促进发芽。
2. 直接种在花盆里的松果菊长势比较旺盛，像极了生长的小精灵，装饰环境效果极佳。

白色的花盆更显松果菊植株的茂盛和花朵的娇艳

"绿红眼"是松果菊中非常少见的复色品种，大型舌状花为豆绿色与粉红色双色构成，内圈为柔和的粉红色，外圈为清爽的豆绿色；头状花序为紫黑色，衬托得花朵更加醒目。它的名字依外形而来，粉红的花眼搭配深色的花心像极了因妒忌而急红了的眼睛

松果菊"番木瓜"是一种非常奇特的品种，小小的橘红色花朵像一枚发射的火箭。单朵花期也非常久，顺着时间的推移，靓丽的橘红色会逐步变成暗色的紫红或铁红，成熟株高 40～50cm，也是非常适合家庭种植的园艺品种

蔷薇 Rosa sp.
多年生木本植物

科属：蔷薇科
别名：蔓性蔷薇、墙蘼、刺蘼、蔷蘼
适宜人群：家庭主妇、上班族、老人

其实蔷薇喜欢这样子

蔷薇是部分蔷薇科植物的统称，包含了较多的种类，属于多年生木本植物。它们喜欢阳光，亦耐半阴，较耐寒，在中国北方大部分地区都能露地越冬。对土壤要求不严，耐干旱、耐瘠薄，但栽植在土层深厚、疏松、肥沃湿润而又排水通畅的土壤中长势更佳，也可在黏重土壤上正常生长。非常适合种植在阳台、庭院中。

生长月份表

1月	2月	3月	4月	5月	6月	7月	8月	9月	10月	11月	12月
		花期									

蔷薇1变10

1. 蔷薇在家栽种适合采用扦插法，成活率极高；

2. 选择当年上半年的无病害的枝条，半木质化的最佳；

3. 枝条直径0.2～0.8cm均可，长度8～15cm，土中埋1～2节，外露留3～4节；

4. 盆土为普通园土即可，条件允许的话可以使用纯蛭石或者珍珠岩；

5. 扦插完成后需注意遮阴。

你一定要知道的小常识

1. 蔷薇也可采用种子育苗的培育方式，但成活率没有扦插高。

2. 名贵品种作为盆花时，可用压条法繁殖，选择优良品种中较老的枝条，当年即可开花。

蔷薇养护 Q&A

Q1 蔷薇喜湿怕涝怎么浇水合适？

A1 蔷薇喜湿润、不耐水湿、忌涝。从出芽后到开花前，可以适量地多浇一些水，水量以土湿润但没有渍水为佳。开花后，可减少浇水的量，不能过多，土有湿润感即可。

Q2 蔷薇需要什么类型的肥料？

A2 非常喜欢肥料，但也耐贫瘠，所以很好养殖。施肥要勤施薄肥，花朵开得越旺盛，需要的肥料越多。3月可施肥1～2次，以氮液肥为主，促进枝条生长。4、5月施肥2～3次，换为磷钾肥，促使其开花，花朵开放后追肥一次即可停止施肥。

🌱 它们也可以这样子栽种哦

玫瑰

玫瑰属于蔷薇科，喜阳光，耐寒、耐旱，为阳性植物，日照充分则花色浓。既适合盆栽观赏，也适合在庭院中栽种美化环境。

月季

月季被称为花中皇后，同属蔷薇科，品种繁多，对气候、土壤要求不严格，其他喜好类似蔷薇，气温低于5℃即进入休眠。盆栽在室内或土栽庭院均可。

PART 3 迷你小花园

蔷薇大变身

蔷薇组合插花

材料： 蔷薇、月季

做法： 1. 选好要组合搭配的植物备用；

2. 将花朵穿插、花枝编织成既定造型，为了美观，建议多选一些颜色，按照深浅过渡排列；

3. 造型基本成型后，调整花朵的位置，将盛开的和花骨朵穿插开来，形成层次感；

4. 放入造型合适的盆器中，当花骨朵开始生长时，就会形成较好的观赏层次。

Tips

1. 还可以加入一些花型较小的花卉，来丰富盆栽层次，例如满天星。

2. 在同一个花器中选择色彩、株型、叶形差异较大的植物，后期就会形成丰富的盆栽小景观。

蔷薇的花枝可以攀爬，做悬挂式的姿态也十分优美

如果有庭院，可以做一个蔷薇花架，用来乘凉和观赏

将蔷薇花插在花瓶中，可作为装饰焦点吸引人的视线

如果阳台是篱网式的，可以让蔷薇花露出一部分，使观赏的人心情愉悦

天竺葵 Geranium
多年生草本常做一二年生栽培

科属：牻牛儿苗科天竺葵属
别名：洋绣球、石腊红、洋葵
适宜人群：家庭主妇、上班族、老人

其实天竺葵喜欢这样子

　　天竺葵喜温暖、湿润和阳光充足的环境。耐寒性差，怕水湿和高温。生长适温为13～19℃。6～7月间呈半休眠状态，应严格控制浇水。宜使用肥沃、疏松和排水良好的砂质壤土。冬季温度不低于10℃，短时间能耐5℃低温。

生长月份表

1月	2月	3月	4月	5月	6月	7月	8月	9月	10月	11月	12月
										扦插播种期	
花期											

天竺葵1变10

1. 天竺葵的播种繁殖以春季室内盆播为好，发芽适温为20～25℃；

2. 在准备好的花盆内点播，播后浇水，天竺葵种子不大，播后覆土不宜深，2～5天发芽；

3. 若出苗较为密集，应及时进行间苗，留出适当的株距，或者进行移栽。

你一定要知道的小常识

　　天竺葵球花的花色可随土壤的pH值而改变。若在酸性土壤种植（pH值小于7），花色是蓝色；若在中性土壤种植（pH值约等于7），花色是乳白色；若在碱性土壤种植（pH值大于7），花色是红色或紫色。因此可通过调节土壤的pH值来改变花色。

好玩又好种的
阳台花园

天竺葵养护 Q&A

Q1 天竺葵如何进行扦插繁殖？

A1 天竺葵繁殖以扦插为主，多行于春、秋两季。插穗以枝端嫩梢最好。插穗选10cm左右，保留上端叶片2～3枚，如用老条也可不带叶片，将切口稍行阴干后，插于洁净的砂土中。砂土宜保持微湿，切勿大水。先置半阴处保持叶片不蔫，3～5天后再逐渐接触阳光。一般约2周生根，至根长3～4cm时即可上盆。

Q2 天竺葵如何进行整形修剪？

A2 为促使分枝较多的天竺葵多开花，要对植株进行多次摘心，以促进其增加分枝和孕蕾。花谢后要适时剪去残花，剪掉过密和细弱的枝条，以免过多消耗养分，但冬季天寒，不宜重剪。

🌱 它们也可以这样子栽种哦

三色堇

三色堇与天竺葵植株差异较大，生长习性也有差异。但在繁殖方式以及装饰应用上有许多共同之处，三色堇也常用扦插繁殖，是家庭装饰中常见的盆栽植物。

天竺葵大变身

墙面生长的天竺葵

材料： 天竺葵盆栽、陶盆或树脂花盆

做法：
1. 准备好将要固定在墙面的天竺葵盆栽，选择长势茂盛、枝叶较长的植物，盆体尽量选择轻便的陶盆或树脂花盆；
2. 准备一定长度的6厘钢筋，长度以固定墙面的花盆口径的1.5倍为宜；
3. 将钢筋一头弯成圆状，圆的大小要能够套住花盆，且不能脱落为宜；
4. 在墙面定点，并用电钻钻孔，孔应深一些，保证钢筋能够完全插入固定；
5. 将花盆放入露在墙外的圆形钢筋中，注意水肥养护。

Tips

1. 墙面定点是决定墙面是否美观的重点，应提前画好点观察。
2. 白色的墙面能够将天竺葵的姿态衬托得更加优美，墙面预留充足的空间也能使其长势更加猛烈。

栏杆上的盆栽天竺葵枝叶肆意下垂，展示出别致的装饰造型

天竺葵茂盛的枝叶也是不错的景致，一角点缀的花朵反而成了配角

单株栽植的天竺葵经过仔细的装扮也显得小巧玲珑，作为桌面盆栽装饰性好

天竺葵栽植在墙面花盆中，充分利用天竺葵枝叶的蔓性，展现自然随意而又热闹非凡的天竺葵花枝

向日葵 Sunflower

一年草本植物

科属：菊科向日葵属
别名：朝阳花、转日莲、向阳花
适宜人群：儿童、家庭主妇、老人

其实向日葵喜欢这样子

向日葵原产热带，但对温度的适应性较强，是一种喜温又耐寒的作物。它的植株高大，叶多而密，是耗水较多的植物。它对土壤要求不严格，在各类土壤上均能生长，具有较强的抗逆性。向日葵可以盆栽，做花坛、花境植物，同时也可做切花材料。

生长月份表

1月	2月	3月	4月	5月	6月	7月	8月	9月	10月	11月	12月
	播种期										
			花期								

向日葵1变10

1. 向日葵以种子方式繁衍后代，播种时以泥炭土装盆为宜；

2. 播种前用新高脂膜进行拌种，隔离病毒感染，提高种子发芽率；或提前用温水进行催芽；

3. 采用点播的方式播种，视盆的大小确定栽植株数；

4. 播种后轻覆土，浇透水，可以加盖塑料膜保温保湿。

你一定要知道的小常识

1. 向日葵一般采用点播的方式，覆土约1cm，播后50～80天开花，因品种不同各项略有差异。

2. 向日葵喜欢充足的阳光，其幼苗、叶片和花盘都有很强的向光性。日照充足能使幼苗健壮，防止徒长。

向日葵养护 Q&A

Q1 **在家庭养护的向日葵会发生病害吗?**

A1 向日葵病害发生率较低,主要病害为白粉病,白粉病发病时叶片开始生白色圆形粉状斑,扩大后连成一片,以后白粉层上又生褐色小点,植株生长停止。在发病初期,可用50%甲基托布津可湿性粉剂500倍液喷洒或用等量式波尔多液防治。

Q2 **向日葵的虫害该如何防治?**

A2 危害向日葵的害虫有蚜虫、盲蝽、红蜘蛛和金龟子等,可用40%氧化乐果乳油1000倍液、73%克螨特乳油1500倍液进行喷雾防治喷杀。

它们也可以这样子栽种哦

蜀葵

蜀葵也是能够适应各种生长状态和土壤状况的植物,管理起来也比较粗放,但怕水淹。蜀葵室外枝干也较高,适合进行丛植,或者做花丛、花境的背景植物。

向日葵大变身

简单的向日葵花艺装饰品

材料： 向日葵、八爪金盘叶、小雏菊、玻璃花瓶

做法：
1. 准备好瓶口较小的花瓶或者插花容器，装 1/3～1/2 的营养液或水；
2. 选取 12～14 只长势良好的向日葵花枝，保留上部 2～3 片叶子进行修剪，花枝长度要有差异；
3. 将向日葵花枝和小雏菊成簇地插入花瓶，注意花盘的朝向以及不同花枝高度的搭配形成层次。
4. 选若干八爪金盘叶，插在向日葵花束的外围作为背景衬托。

瓶插的向日葵花枝长短错落，未开的花蕾在瓶内也会逐渐开放

当向日葵花盘外层的舌状花开放时采收花枝，在水中或保鲜液中瓶插寿命夏季为 6～8 天，冬季可达 10～15 天

1. 向日葵 2. 火棘
向日葵花艺作品的装饰效果非常好，向日葵夺目的色彩在环境中也很容易被注意到

二、浓枝万绿也是春

豆瓣绿 Peperomia
多年生常绿草本植物

科属：胡椒科草胡椒属
别名：椒草、翡翠椒草、青叶碧玉、豆瓣如意
适宜人群：儿童、家庭主妇、上班族

Part 3 迷你小花园

其实豆瓣绿喜欢这样子

豆瓣绿喜温暖湿润的半阴环境。生长适温 25℃左右，最低不可低于 10℃，不耐高温，要求较高的空气湿度，忌阳光直射；喜疏松肥沃和排水良好的湿润土壤，是实用的家庭装饰盆栽。

生长月份表

1月	2月	3月	4月	5月	6月	7月	8月	9月	10月	11月	12月
		繁殖期									
花期											

豆瓣绿 1 变 10

1. 准备好扦插用的河沙土或者营养土，装盆；
2. 在生长旺季，剪下叶片或茎秆（要带 3~4 个叶节），待伤口晾干后插入基质中；
3. 把插穗和基质稍加喷湿，只要基质不过分干燥或潮湿，就可很快长出根系和新芽；
4. 长出新芽的小苗可以重新上盆成为新的植株。

你一定要知道的小常识

1. 豆瓣绿是水培中的超好活范本，每株 4~5 片叶子，非常容易适应水中环境，不会腐烂，种植容易。

2. 夏季养护时要将其放在半阴处，或给它遮阴 50%，并给它适当喷雾，每天 2~3 次。

豆瓣绿养护 Q&A

Q1 豆瓣绿冬季如何养护？

A1 冬季应将豆瓣绿搬到室内光线明亮的地方养护，并每隔一个月遮阴养护一个月，以让其积累养分，恢复长势。种植在室外的，可用薄膜把它包起来越冬，但每隔两天就要在中午温度较高时把薄膜揭开让它透气。

Q2 豆瓣绿上盆方法有什么特别注意的吗？

A2 上盆前对重新使用的旧盆，必须要用高锰酸钾1000倍液浸泡半个小时以上，然后用清水冲洗，晾干待用，新盆可直接使用。一般先用较小的花盆（9cm塑料盆）种植，上盆种植时先在杯底垫适当基质，再将筛苗移入杯中，小苗可以适当种深些，以平植株基部略上为宜，定根水浇半透或表层水即可。

🌱 它们也可以这样子栽种哦

红脉草胡椒

红脉草胡椒也是草胡椒属比较独特的植物，它的生长习性与豆瓣绿相同，但叶发红色观赏性比较强，作为家居绿植的色彩点缀十分有趣。

毛叶豆瓣绿

毛叶豆瓣绿与豆瓣绿的不同之处在于其植株很短小，连花序长3～5cm，叶、茎、枝密被硬毛。生长习性与豆瓣绿相同，家庭栽植注意硬毛不要擦伤儿童。

豆瓣绿大变身

豆瓣绿桌面小盆栽

材料： 豆瓣绿、透水石、黄色糖果盆

做法： 1. 选取株型较小的豆瓣绿准备重新上盆，并对豆瓣绿植株的根部进行修剪；
2. 花盆内填 1/3 的培养土，将豆瓣绿植株置于盆中继续填土，边填边用手按压；
3. 盆土装到 2/3 处时，用手轻轻将植株向上提拉，然后继续填土按压，上面距盆口 1～2cm 处停止填土；
4. 在盆内土面尤其是根茎附近放置一层透水石，浇水。

Tips

桌面小盆栽也可以采用扦插繁殖的方式来打造新的桌面小盆栽，扦插繁殖可以通过控制插穗的长度来控制株高。

豆瓣绿的枝叶长势较旺，常进行叶面喷水能够促进枝条的生长

白色花纹盆栽适合在办公环境中使用，简单明亮的色彩装饰的环境十分美丽

小型豆瓣绿盆栽，小巧的体积装饰性却非常好

豆瓣绿用黑色瓷盆栽培，置于茶几、装饰柜、博古架、办公桌上，色彩典雅清新

绿萝 Scindapsus
常绿藤本植物

科属：天南星科绿萝属
别名：魔鬼藤、石柑子、竹叶禾子、黄金葛
适宜人群：家庭主妇、上班族、老人

PART 3 迷你小花园

其实绿萝喜欢这样子

绿萝属阴性植物,忌阳光直射,喜温暖散射光、潮湿环境,较耐阴。室内栽培可置窗旁,但要避免阳光直射。藤长可达数米,节间有气根,叶片会越长越大,叶互生,常绿。绿萝生长要求疏松、肥沃、排水良好的土壤。

生长月份表

1月	2月	3月	4月	5月	6月	7月	8月	9月	10月	11月	12月
	繁殖期										

绿萝1变10

家庭栽植在春末夏初剪取15~30cm的枝条,将基部1~2节的叶片去掉,用培养土直接盆栽,每盆3~5根,浇透水,植于阴凉通风处,保持盆土湿润,1月左右即可生根发芽,当年就能长成具有观赏价值的植株。

你一定要知道的小常识

1. 绿萝生长要避免阳光直射,阳光过强会灼伤绿萝的叶片,过阴会使叶面上美丽的斑纹消失,通常接受四小时的散射光,绿萝的生长发育最好。

2. 绿萝是不可以用淘米水浇的,淘米水虽有不少养分可以供绿萝用,但一定要经过沤制发酵腐熟后才能使用,否则不仅容易生虫,严重的还会引起烂根。

绿萝养护 Q&A

Q1 绿萝怎样用顶芽水插？

A1 绿萝顶芽水插的方法是：剪取嫩壮的茎蔓 20 ~ 30cm 长为一段，直接插于盛清水的瓶中，每 2 ~ 3 天换水一次，10 多天可生根成活。

Q2 盆栽绿萝养了很久，今年出的叶片都很小，是生病了吗？

A2 盆栽绿萝由于受到盆土的限制，栽培时间过长后容易使植株老化，叶片变小而脱落，并不是因为病害导致的。故而绿萝栽培 2 ~ 3 年后须换盆或修剪进行更新。

🌱 它们也可以这样子栽种哦

吊竹梅

吊竹梅喜温暖湿润环境，和绿萝一样耐阴，畏烈日直晒，适宜疏松肥沃的沙质壤土。适应能力很强，家庭做盆栽栽植观赏性好，作为地被覆盖效果又快又好。

PART 3 迷你小花园

绿萝大变身

组合小盆栽

材料：石笔虎尾兰、绿萝、红掌、苔藓

做法：1. 准备好虎尾兰 2 丛、绿萝 2~3 枝、红掌 1 株、苔藓若干、长形花盆 1 个；
2. 将花盆等距离划分为左右两部分，左边部分并排栽植两丛虎尾兰，右侧 1/3 处栽植红掌；
3. 虎尾兰和红掌上盆之后填平土面，在盆中 1/2 处右侧靠前方扦插绿萝；
4. 在盆土表面均匀地铺上苔藓，浇透水正常养护。

Tips

1. 绿萝采用扦插繁殖也很好成活，最后进行扦插避免影响其他植物的上盆。
2. 带有原始色彩的花盆做组合栽植，挺拔的虎尾兰、柔美的红掌和绿萝，再加上苔藓的衬托，使盆栽呈现一派自然景象。

将绿萝包装成花束展现绿萝积极向上的生命力，也是一种美好的祝福形式

墙面的盆栽栽植绿萝，以墙面作背景展示绿萝优美的生长状态

悬挂式的盆栽最能展现绿萝长势旺盛的枝叶状态

花叶竹芋
Maranta bicolor

多年生常绿草本植物

科属：竹芋科竹芋属
别名：双色竹芋
适宜人群：家庭主妇、老人

PART 3 迷你小花园

其实花叶竹芋喜欢这样子

花叶竹芋植株矮小，性喜温暖湿润及半阴环境，生长适温为15～25℃，如超过32℃或低于7℃则生长不良。冬季需要充足的光照，要求肥沃疏松的土壤。

生长月份表

1月	2月	3月	4月	5月	6月	7月	8月	9月	10月	11月	12月
		繁殖期									

花叶竹芋1变10

1. 繁殖花叶竹芋多用分株法。分株时以3～5株栽一盆为好。4月中旬结合春季换土换盆，将换盆的栽培两年以上的植株从盆中磕出，将根部的土全部抖掉，根据植株大小，可以分成二至数丛，使每丛都带有新芽，分别栽植，即成为新的植株。

2. 扦插繁殖：生长健壮的花叶竹芋每年从基部生出许多新枝，待新枝生长成熟后可以截取其上部枝条作插穗，扦插在温度为25～30℃的苗床上，保持较高的空气湿度，3～4周可以生根成活，另移栽其他盆中成新的植株。

你一定要知道的小常识

1. 花叶竹芋喜阴，忌强阳光直晒，短时间强阳光直晒可能引起叶片的日灼病，长期晒太阳势必造成整盆植株的死亡。

2. 冬季北方地区应把其放在温度比较高的室内培养，晚间室温应保持在15℃以上，如室温达不到时，可套上塑料袋，保温保湿，白天温度可更高些，以保其安全越冬。

97

花叶竹芋养护 Q&A

Q_1 花叶竹芋可以进行水养吗？

A_1 花叶竹芋可以进行水养，即采用无土栽培法，在生长期间每月往水中浇 1～2 次营养液即可。花叶竹芋喜空气湿润，水养也要注意采用喷水、洒水等方法提高空气湿度，特别是夏季，更要注意增湿降温，以利生长。

Q_2 盆植的花叶竹芋出现了虫害，是养护不当吗？

A_2 花叶竹芋在生长期如果通风条件不好，就容易遭介壳虫危害，出现虫害可用氧化乐果 1000 倍液喷洒防治。

它们也可以这样子栽种哦

海芋

海芋与花叶竹芋的生长习性相同，只是海芋的植株形态比花叶竹芋更高，单色的海芋营造的环境气氛与花叶竹芋也不相同。

金钻蔓绿绒

金钻蔓绿绒与花叶竹芋同属天南星科植物，生长习性也相同。金钻蔓绿绒的茎比较短，叶片较大，叶面亮度高，更适合做盆栽装饰家居环境。

花叶竹芋大变身

组合小盆栽

材料：竹芋装饰、红叶竹芋、栽植槽、白色金属花架

做法：
1. 选择株型、长势一致的竹芋盆栽 4 盆，竹芋单株小盆栽 3～4 盆；
2. 将花架移至指定装饰的位置，将孔的栽植槽放进花架；
3. 并排将竹芋盆栽放进栽植槽，有盆体空隙的地方插入单株的竹芋小盆栽；
4. 调整竹芋各个枝叶的伸展状态，使其自然而美观；
5. 正常养护管理。

Tips

1. 利用盆栽填充栽植槽而不是直接将植物栽在栽植槽中，避免单株植物的长势影响装饰的整体效果。
2. 有红色斑纹的花叶竹芋在环境中十分明亮，厚实的叶子使环境有了热带雨林的感觉。

较大的容器栽植花叶竹芋，使单株的花叶竹芋格外显眼，也赋予植物全新的意境

箭叶竹芋
箭叶竹芋的长势良好，爆盆时的状态装饰出积极热烈的环境感受

铁线蕨
Adiantum Capillus-veneris L.
多年生草本植物

科属：铁线蕨科
别名：铁丝草、少女的发丝、铁线草、水猪毛土
适宜人群：家庭主妇、上班族、老人

其实铁线蕨喜欢这样子

铁线蕨为多年生草本植物，喜疏松透水、肥沃的石灰质土沙壤土，盆栽时培养土可用壤土、腐叶土和河沙等量混合而成。生长适宜温度白天为 21～25℃，夜间为 12～15℃。温度在 5℃以上叶片仍能保持鲜绿，但低于 5℃时叶片则会出现冻害。喜明亮的散射光，怕太阳直晒。在室内应放在光线明亮的地方，即使放置 1 年也能正常生长。适应性强，适合室内常年盆栽观赏。小盆栽可置于案头、茶几上；大盆栽可用以布置背阴房间的窗台、过道或客厅。

生长月份表

1月	2月	3月	4月	5月	6月	7月	8月	9月	10月	11月	12月
生长期											

铁线蕨1变10

1. 铁线蕨通常以分株繁殖为主，这样可保持亲本性状。

2. 建议第二年4月份换盆时进行，根据母株的大小，将植株根部分成 2～3 份。

3. 将母株从盆中取出，切断其根状茎，使每块均带部分根茎和叶片，然后分别种于小盆中。

4. 根茎周围覆混合土，灌水后置于阴湿环境中培养，即可取得新植株。

你一定要知道的小常识

1. 铁线蕨还可通过孢子方式繁殖，一旦成熟的孢子散落在潮湿的土壤中，也会发育成幼苗，待稍长大，起挖上盆便成为新的植株。

2. 铁线蕨生长很快，建议每年春季进行换盆。

铁线蕨养护 Q&A

Q1 铁线蕨怎么浇水较好?

A1 铁线蕨生长旺季要充分浇水,除保持盆土湿润外,还要注意有较高的空气湿度,空气干燥时向植株周围洒水。特别是夏季,每天要浇1~2次水,如果缺水,就会引起叶片萎缩。浇水忌盆土时干时湿,易使叶片变黄。冬季要减少浇水,停止施肥。

Q2 铁线蕨叶片出现褐色焦边是什么原因?

A2 铁线蕨叶片出现褐色焦边,属于种植中常见的问题。铁线蕨最喜潮湿,夏季光照强烈,如果没有将其放在阴凉处,直射的阳光会使叶片的水分快速流失,根部的水分还没有输送上来,叶片的一部分细胞已干缩脱水,绿色逐渐褪去,就出现焦边。应立刻置于半阴处培养,把发焦的叶子剪除,并及时喷水于叶面及周围地面。

🌱 它们也可以这样子栽种哦

荷叶铁线蕨

荷叶铁线蕨属于铁线蕨科,同样喜阴怕光,它在强光下不能顺利生长。栽种方式同铁线蕨一样,适合盆栽,形状非常可爱圆润。

阔叶凤尾蕨

阔叶凤尾蕨属于凤尾蕨科,喜湿润、凉爽的环境,耐阴性强,形似凤尾,可做盆栽养殖,具有很独特的装饰效果。

铁线蕨大变身

铁线蕨盆景

材料： 铁线蕨、幸福树、五彩朱蕉、紫鹅绒、仙人球、十二卷

做法： 1. 在选好的底座内装上园，用手将土壤做出适合的造型；

2. 在图片定点，计划好所有植物的种植位置；

3. 按照设计好的位置，依次将所有植物种植在土中；

4. 为土壤整形，表面稍作压实；具有净化空气效果的铁线蕨盆景就完成啦。

Tips

1. 体积较大的仙人球建议放在中间部分，小的植物放在最前面，高度高的铁线蕨放在最后，这样可以形成比较美观的层次感。

2. 此种造型的盆景适合边沿较短或没有边沿的盆，土也是造型的一部分。

小棵的铁线蕨搭配可爱的盆，可以放在书架、窗台或者桌子上做装饰

将铁线蕨置于高处，下垂的姿态也具有非常好的装饰作用

铁线蕨还是花艺设计中非常好的素材，可以让造型更丰满

三、无肉不欢的小世界

多肉熊童子
Cotyledon tomentosa

多年生肉质植物

科属：景天科
别名：绿熊、熊掌
适宜人群：家庭主妇、上班族、老人

其实多肉熊童子喜欢这样子

多肉熊童子为多年生肉质草本植物，植株多分枝，呈小灌木状，叶片形似熊爪，外观非常可爱，适宜生长温度为 5～30℃。较喜阳光，但夏季温度过高会进入休眠期。养殖环境宜温暖干燥、阳光充足、通风良好，忌寒冷和过分潮湿。阳光充足的环境中，叶片会变得肥厚饱满；若环境过于阴暗，茎叶会变得纤细柔弱。栽种的盆土要求中等肥力、排水性良好的沙质土壤，可用粗沙或蛭石、园土、腐叶土各1份，混匀后配制使用。

生长月份表

1月	2月	3月	4月	5月	6月	7月	8月	9月	10月	11月	12月
		繁殖期									

多肉熊童子1变10

1. 在生长期选取健壮植株上的顶芽，茎节短、叶片肥厚的最佳，长度为 5～7cm，对于已经木质化很严重的枝条一定要剪掉，"嫩"是扦插成活的关键。

2. 嫩芽取下之后，需在阴凉处晾上 1～2 天，或者在伤口处涂上草木灰，然后再上盆。

3. 将小嫩芽直接放在土壤表面，出根之前切记不要晒太阳，且避免阳光直射。

你一定要知道的小常识

多肉熊童子的扦插最佳时间为春季和秋季，成活率为100%。在温度适宜、湿度较大、阳光温和的环境中，扦插之后 1～2 个星期就可以出根。如果环境不佳可能会延长至 20 天左右。嫩芽插下一段时间后，叶子会变得没有光泽，这属于正常现象。当叶子重新变得水灵有光泽的时候，就证明已经生根成功了。

多肉熊童子养护 Q&A

Q1 多肉熊童子在扦插后怎么养护？

A1 扦插之后，应保持盆土有适宜的湿度，然后将其放在明亮的散射光处，切忌暴晒，否则会造成叶片的水分蒸发，造成植株枯萎。生根后就进入正常管理期。将花盆移到阳光充足的地方，每次浇水前用手轻捏叶片，不饱满的时候才需要浇水。

Q2 怎么防止多肉熊童子出现病虫害？

A2 栽培中要避免植株长期被雨淋，宜放置在非常通风的环境中，可以向叶片喷水，以洗刷灰尘，但水分不宜长期停留在叶心，否则容易烂心。冬季严格控制浇水，保持盆土干燥。每1~2年应换盆一次，初春头次浇水前进行。

🌱 它们也可以这样子栽种哦

银波锦

福娘

多肉银波锦、福娘与多肉熊童子属于同科属植物，生长习性也一样，它们特殊的颜色与造型在多肉组合中也十分亮眼。

多肉熊童子大变身

多浆植物组合盆栽

材料： 多肉熊童子、虹之玉、星美人、黄丽、桃美人、紫珍珠

做法：
1. 在花盆内装上营养土，土距盆口 2cm 左右处，用手将土壤稍作压实；
2. 在土面定点，在将要栽植植物的位置先点出小穴，标明植物位置；
3. 依次将所有的多肉栽种到盆中；
4. 栽植好植物后在土面铺上碎石，碎石铺装要均匀；
5. 最后插上可爱的小装饰品，可爱的多浆植物组合盆栽就完成啦。

Tips

1. 多浆植物的根系都比较少，所以填完土之后应进行挖穴栽植，避免打乱植物造型。
2. 碎石的铺装，能防止潮湿的土面使植物的茎叶腐烂。
3. 花盆内的3种植物同属多浆植物，但形态差异较大，组合栽植形成清爽又丰富的画面。

带有造型的多肉熊童子配以写意的花盆，具有东方花艺的神韵

多肉熊童子和兔耳朵对水肥的需求基本相同，两者的独特性让组合栽植更加有趣

碎石铺装能够防止多肉熊童子叶片泡水产生病虫害，碎石也具有良好的透水性

多肉熊童子红褐色的尖，状似熊掌，在阳光的照射下显得极为别致、可爱

芦荟 Aloe
多年生草本植物

科属：独尾草科芦荟属
别名：卢会、讷会、象胆、奴会
适宜人群：家庭主妇、上班族、老人

其实芦荟喜欢这样子

芦荟怕寒冷，它生长在终年无霜的环境中。在5℃左右停止生长，0℃时，生命过程发生障碍，如果低于0℃，就会冻伤。生长最适宜的温度为15～35℃，湿度为45%～85%。芦荟喜欢生长在排水性能良好、不易板结的疏松土质中。

生长月份表

1月	2月	3月	4月	5月	6月	7月	8月	9月	10月	11月	12月
		繁殖期									

芦荟1变10

1. 芦荟一般都是采用幼苗分株移栽或扦插等技术进行无性繁殖的。无性繁殖速度快，可以稳定保持品种的优良特征。

2. 成年的芦荟植株在茎蘖处产生小芽，待小芽长到一定程度，将其带根切离母株，重新上盆成为新的植株。

你一定要知道的小常识

1. 芦荟需要水分，但最怕积水。在阴雨潮湿的季节或排水不好的情况下很容易叶片萎缩、枝根腐烂以至死亡。

2. 芦荟需要充分的阳光才能生长，但初植的芦荟还不宜晒太阳，最好是只在早上见见阳光，过上十天半个月它才会慢慢适应在阳光下茁壮成长。

芦荟养护 Q&A

Q1 如何给芦荟浇好水？

A1　适时浇水是夏季芦荟栽植特别要注意的。芦荟喜光耐热，但夏季温度高，适当地浇水可保证芦荟长势。浇水不能过量，一般一周浇一次即可。到了秋季就要控制浇水，可采取喷水的方法，即使土壤比较干燥也没有关系，否则很容易烂根。

Q2 芦荟如何采摘叶片？

A2　养护3年左右的芦荟就可采摘其叶片了。采叶时一般要从植株下部开始，成熟的叶片顺势捋下，不要伤害植株，尽量保持中体完整。因芦荟叶中水分占96%以上，破损的叶体中的汁液流出，对其营养是个损失。

🌱 它们也可以这样子栽种哦

斑马芦荟

　　斑马芦荟叶片上有白色条纹，根据其星点的大小和排列方式还可分为点纹十二卷、无纹十二卷和斑马条纹十二卷等品种。是家庭养护比较新奇的芦荟品种。

非洲芦荟

　　非洲芦荟具有较高的观赏价值，在食品和药用方面的品种较多，也是常见的家庭栽植芦荟品种。非洲芦荟独特的线条装饰效果也比较好。

芦荟大变身

野趣组合盆栽

材料： 观音莲、芦荟、静夜

做法：
1. 选择好要进行组合的植物，并对植物的根系进行简单的修剪；
2. 将长势良好、株型较大的静夜栽植在花盆的中央靠后方，左右两侧栽植株型独特的芦荟；
3. 小巧的观音莲栽植在花盆的两端，呈对称形式；
4. 在花盆的空地中摆放形态自然的山石来装饰盆栽的意境。

Tips

1. 组合盆栽芦荟和观音莲作为陪衬植物也并不逊色，芦荟优美的姿态引人注目。
2. 古朴的藤编花盆也使盆栽组合充满了乡野气息。
3. 盆土表面没有铺装透水石，浇水时应避免积水伤害植物茎叶。

芦荟的观赏价值也很高，搭配可爱的花盆，芦荟植株也显得苍翠晶莹起来

芦荟植株较小时，盆土外露的比较多，在盆土表面放上小物件，也能起到很好的装饰效果

芦荟叶的食用价值和药用价值都很高，也具有很好的美容效果

小型的芦荟盆栽装饰性很强，小巧的特点非常适合办公室环境

PART 3 迷你小花园

虎尾兰
Sansevieria
多年生草本植物

科属：百合科虎尾兰属
别名：锦兰、虎皮兰
适宜人群：家庭主妇、上班族

PART 3 迷你小花园

其实虎尾兰喜欢这样子

虎尾兰耐干旱，喜阳光温暖，也耐阴，忌涝，在排水良好的沙质壤土中生长健壮。不耐严寒，秋末初冬入室，只要室内温度在18℃以上，冬季正常生长不休眠，1~2月开花，不低于10℃可安全越冬。

生长月份表

1月	2月	3月	4月	5月	6月	7月	8月	9月	10月	11月	12月
		繁殖期									
	花期										

虎尾兰1变10

1. 分株法：先将全株从盆中脱出，去除旧的培养土，露出根茎后沿其走向分切为数株（使每株至少含有2~3枚叶片），在切口涂抹愈伤防腐膜，并随即在植株喷施新高脂膜保温防冻，稍晾后便可上盆。上盆时在植株根部可撒一些细沙，以利成活。每盆可栽2~3株。此法全年均能育苗，但以春、夏时节最佳，可于春季结合换盆进行。

2. 成年的芦荟植株在茎蘖处产生小芽，待小芽长到一定程度，将其带根切离母株，重新上盆成为新的植株。

你一定要知道的小常识

1. 虎尾兰在生长期内，不论室内、室外养护，都不宜长期放在庇荫处和强阳光下，否则，黄色镶边会变窄褪色。

2. 虎尾兰生长期内，生长点卷曲闭合，呈暗褐色，休眠期舒展，有人会认为是干尖而将其剪除。顶端生长点破坏后，生长就会终止。

虎尾兰养护 Q&A

Q1 虎尾兰叶片变成灰黄色是什么情况?

A1 虎尾兰感染细菌性软腐病后,叶片呈浅黄绿色或灰黄色,严重的会枯死。浇水时应避免溅到叶片上,发现病叶,及时清除并销毁。发病时可喷施12%绿乳铜600倍液或72%农用链霉素4000倍液。每7~10天喷1次,连续2~3次。

Q2 虎尾兰会开花吗?

A2 成株虎尾兰每年均能开花,具香味,但以观叶为主。这类植物耐旱、耐湿、耐阴,能适应各种恶劣的环境,适合盆栽,是高级的室内植物。

🌱 它们也可以这样子栽种哦

石笔虎尾兰

石笔虎尾兰为同属常见种。叶呈圆筒形,上下粗细基本一致,叶端尖细,叶面有纵向浅凹沟纹。叶基部左右互相重叠,叶片位于同一平面,呈扇骨状伸展。形态特殊,观赏价值较高。

金边虎尾兰

金边虎尾兰为虎尾兰的栽培品种,叶缘具有黄色带状细条纹,中部浅绿色,有暗绿色横向条纹,比虎尾兰有更高的观赏价值。

PART 3 迷你小花园

虎尾兰大变身

玻璃缸内的袖珍景致

材料： 金边虎尾兰、金手指、条纹十二卷、姬胧月锦、钱串子、蛭石

做法： 1. 选取开口较大的玻璃缸，在缸内铺约1/4的营养土；
2. 在土面定好植物栽植的点之后每个点挖小坑，将提前搭配好的植物由小到大、由外到内依次植入坑中，用手按压紧实；
3. 平好土面后在土面铺上一层白色的蛭石，袖珍景致就完成啦。

Tips

1. 对于新手来说，敞口的玻璃缸更容易操作，熟练之后可以选用口径较小的玻璃缸。
2. 玻璃缸内的景致十分丰富，要注意好植物的层次搭配，使植物有梯度地进行增减。

叶片明亮的短叶虎尾兰，是家居生活内时尚的装饰小盆栽

叶子较长的虎尾兰线条流畅，作为环境装饰十分吸引人

虎尾兰开花后也具有很高的观赏价值，细腻的花朵也会给人带来很多惊喜

金边虎尾兰长势旺盛，适应性强，作为办公环境中的装饰十分实用，也很独特

115

仙人掌 Cactus
多年生草本植物

科属：仙人掌科仙人掌属
别名：仙巴掌、火掌、玉芙蓉、仙肉
适宜人群：家庭主妇、上班族

PART 3 迷你小花园

其实仙人掌喜欢这样子

仙人掌喜强烈光照、耐炎热、干旱、瘠薄，生命力顽强，管理粗放，很适于在家庭阳台上栽培。仙人掌生长适温为20～30℃，生长期要有昼夜温差，最好白天30～40℃，夜间15～25℃。春、秋季节，浇水要掌握"不干不浇，不可过湿"的原则。

生长月份表

1月	2月	3月	4月	5月	6月	7月	8月	9月	10月	11月	12月
	繁殖期										

仙人掌1变10

1. 仙人掌喜欢扦插或嫁接繁殖。扦插温度以25～35℃发根最好，插穗宜用较老而坚实的茎节，插穗需阴干10天左右，待切口处表层长出一层愈伤组织，可起到保护作用。扦插可用粗沙、锯末等透水透气的疏松基质，有利发根。

2. 嫁接仙人掌，一般以抗旱性强、易亲和的三棱箭做砧木，在25～30℃的温度下，于5～6月或9月嫁接为好。

你一定要知道的小常识

1. 刺座是仙人掌类植物特有的一种器官。从本质上来讲刺座是高度变态的短缩枝，其上生多种芽，有叶芽、花芽和不定芽，花、仔球和分枝也是从刺座上长出。

2. 人们常常认为，仙人掌只是作为观赏植物。其实不然，很多仙人掌类植物的果实，不但可以生食，还可酿酒或制成果干。

仙人掌养护 Q&A

Q_1 仙人掌需要施肥吗?

A_1 仙人掌也是需要施肥的,在其生长期内每10～15天施稀薄液肥1次,10月后停肥,否则新生组织柔弱,易受冻害。

Q_2 仙人掌具有防辐射功能吗?

A_2 仙人掌并没有防辐射的作用。很多人认为仙人掌生活在沙漠中,那里环境干旱,"太阳辐射"很强,所以给仙人掌带上了一顶能防辐射的高帽子。其实这种说法毫无科学依据。与此同时,一些不良商家为了能让自己的小盆栽有好的销路更是大肆地鼓吹仙人掌的抗辐射功能,使得这个原本错误的说法更加深入人心。

它们也可以这样子栽种哦

长寿花

长寿花也是多年生常绿多浆植物,因花期较长故有长寿花之名。长寿花的养护方式与仙人掌相似,而且冬季长寿花在稳定的室内环境中可以继续生长。

一摸香

一摸香也具有肉质叶,生长习性与仙人掌类植物也很相似。一摸香独有的特征使其在家居盆栽植物中也很受欢迎。

仙人掌大变身

桌面盆栽组合

材料： 仙人掌、仙人杖、仙人柱、翁柱、蓝星、大凤玉

做法：
1. 挑选好要进行搭配的仙人掌种类备用；
2. 在小花盆内定好栽植植物的点，并挖穴；
3. 将选好搭配好的仙人掌种类依次栽植到小花盆中，覆土按压；
4. 土面铺上透水沙或者石材进行点缀装饰。

Tips

1. 选择同一系列的花盆来进行组合能够达到良好的装饰效果。
2. 盆栽做桌面观赏的仙人掌类植物应选择少刺，且刺比较大的种类。
3. 定植仙人掌时可以使用塑料泡沫板来固定，避免手碰到刺受伤。
4. 仙人掌类的植物种类繁多，植物之间差异也较大，不同品种的仙人掌栽植组合在一起，也是一种内容丰富的桌面观赏景致。

1.仙人掌 2.仙人柱 3.陶制花盆
仙人掌类植物比较适合透气性好的陶制花盆，在进行移栽或扦插繁殖时，应使用泡沫捏住仙人掌，避免被刺伤到

仙人掌类的植物种类非常多，不同形态的仙人掌植物可以随意组合在一起

自然生长的仙人掌在白色环境的衬托下，也能够表现出独特的意境

绿植组合装饰欣赏

Combination of green plant adornment appreciate

利用家居空间的角落来布置不同层次的小盆栽

餐厅中的绿植布置内容丰富，桌面的小盆栽不会影响空间功能的发挥

蝴蝶兰的叶片较稀疏，使用龟背竹的叶片加以装饰，小环境会显得更有意境

白色的花架装饰性也很强，用来区分出小盆栽的层次

休闲阳台的盆栽充当了栏杆，同时也是休闲环境的背景

Part 3 迷你小花园

利用不同植物的形态特征组合栽植，装饰墙面盆栽的线条

木花格墙面是悬挂盆栽的好地方，盆栽组合也让墙面不再单调

利用不同植物的形态特征组合栽植，装饰墙面盆栽的线条

整齐排列的墙面盆栽，纯色的墙面衬托植物茂盛的姿态

墙面置物架也是放置小盆栽的好地方

家庭种植的小蔬菜也是青翠欲滴的装饰盆栽哦

好玩又好种的
阳台花园

细木条编织的墙面花盆使盆栽成为墙面的一件艺术品

色彩明亮、形态各异的小盆栽放置在一起也有小花园的感觉

层次丰富的大花盆，设计独特，栽植的植物互相不受影响也能形成很好的观赏效果

组合盆栽利用植物的不同高度进行搭配，形成一处微型的热带丛林景观

简单的桌面小花架就能够使盆栽组合变得更加活泼可爱

利用花盆的高度丰富植物的层次，多花混植的效果也变得更美

PART 3 迷你小花园

白色花盆搭配绿植是简单又美观的盆栽组合形式

选择有花边的白色花盆来衬托植物茂盛的枝叶

小巧的白陶瓷花盆最适合进行桌面DIY栽植

金属小桶与绿植的搭配组合也具有很好的装饰效果

蝴蝶兰造型优雅美丽，果篮的搭配使环境更有家的味道

马蹄莲花艺作品，利用白色花瓶和丝巾装饰来表现花艺的姿态美

好玩又好种的阳台花园

夸张的自行车造型作为花架，让盆栽也有了动态的美感

仙客来植物的姿态本身就十分引人注目，简单的盆栽也有很好的装饰效果

可以悬挂也可摆放的多功能金属花盆，在布置庭院花园中十分实用

瓦罐造型的花盆独特的外形和原始自然的质地衬托得植物更加娇艳

造型别致小巧的花架让简单的盆栽变得更独特吸引人